你心柔软 却有力量

做一个温暖坚定的女子

雅楠◎著

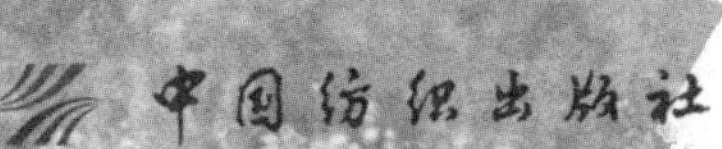

内 容 提 要

女人的美好，不只是外表华丽的美，更是内心的淡定从容。专横跋扈的姿态，咄咄逼人的气势，永远敌不过温暖的一抹笑容。无论生活给予了什么，都能以一份似海的心接着，得意不趾高气扬，失意不垂头丧气，用一颗柔软的心，迎接人间的悲喜。

图书在版编目（CIP）数据

你心柔软，却有力量：做一个温暖坚定的女子／雅楠著.—北京：中国纺织出版社，2017. 7

ISBN 978-7-5180-3526-7

Ⅰ. ①你… Ⅱ. ①雅… Ⅲ. ①女性-成功心理-通俗读物 Ⅳ. ①B848.4-49

中国版本图书馆CIP数据核字（2017）第082133号

策划编辑：郝珊珊　　　　责任印制：储志伟

中国纺织出版社出版发行

地址：北京市朝阳区百子湾东里A407号楼　邮政编码：100124

销售电话：010－67004422　传真：010－87155801

http：//www.c-textilep.com

E-mail：faxing@c-textilep.com

中国纺织出版社天猫旗舰店

官方微博http：//weibo.com/2119887771

北京佳信达欣艺术印刷有限公司印刷　各地新华书店经销

2017年7月第1版第1次印刷

开本：880×1230　1/32　印张：6.5

字数：114千字　定价：35.00元

前　言

一位知名化妆师在做专访时，被问及一个老生常谈的问题："什么样的女人气质最好？"

化妆师淡淡一笑，说道："心平气和的女人最美。对女人来说，不管你长得如何、身材如何，吃多少保养品，用多昂贵的化妆品，如果没有一颗平和的心，就不可能美丽，周身散发出的狰狞气场会把人吓跑。心灵的宁静与安详，才是美丽的钥匙。"

当时，在场的许多女嘉宾对化妆师的回答感到意外，可在听过解释之后，却又不由自主地点头赞同。世人常说的优雅、随和、高贵、知性，不过都是外在的表现，真正沉淀出这些气质的东西，其实是内心的平和与从容。一个穿着朴素却面带微笑、不温不火的女人，肯定比一个化着精致妆容、穿着名牌衣服、满脸怒气的女人看起来高贵得多。无论是盛怒、情急、得意还是失意，都会让女人的美丽减分，唯有心平气和的女人，才能拥有一份持久的美丽。

心平气和，顾名思义，就是心情平静，态度温和，不急躁、不生气。可是，这份平和究竟从何而来呢？顺风顺水的时候，多数女人都能做到心平气和，冷静地对人对事。当伤及自己的情感、牵扯自身的利益时，依然能够保持心平气和的女人，就只剩下少数了。

真正的平和，源自内心的柔软。这份柔软，是对悲喜生活的豁达，是在嘈杂喧嚣中沉淀出的宁静，是痛定思痛过后的成熟。平和的女人，看似如茉莉、百合一样清香淡雅，内在却有着玫瑰的铿锵与力量，散发着太阳花一样温暖的气场。

这本书献给所有爱过、痛过，或正经受人生风雨的洗礼，却依然热爱生活的女子。未来的日子，愿你用心去生活，温暖而坚定，不管在什么境遇中，都能像玫瑰一样从容不迫，用微笑的姿态迎接生命的逆流，在静寂中悠然绽放。

目录
contents

Chapter5 你当温柔，不失力量

Chapter6 没有仓皇的姿态，跟着灵魂慢慢来

Chapter7 镇守自心，活成喜欢的样子

Chapter1

最美的风景，莫过内心的安宁

持一颗出离心去生活

真正的出离心是：你可以随时抛弃任何熟悉的东西，可以走出任何你习惯的场景，不会有犹豫，不会有不舍。如你可以做到这一点，你可以说你的出离心很完美。具有出离心的人可以接受任何改变，他不会因为任何事情而愤怒。任何事情，不光是那些很世俗的事情，也包括那些你认为很神圣的事情。

——宗萨仁波切

初见她的人，十个有九个都说她是现代版的林黛玉。生在烟雨江南，伴着小桥流水人家长大，特殊的气候与环境，造就了她清瘦柔弱的江南气质。这样一个女子，理应是惹人疼爱的，偏偏她总是一副清高冷傲的姿态，让人难以靠近。纵然有人走进她的世界，却也总在时隔不久之后，淡淡地离开。

做了多年的旁观者，他一直觉得，是别人不懂她。终于，在一个阳光温暖的春日，他手捧玫瑰向她倾诉压抑许久的心声。突如其来的浪漫着实给她带来了惊喜，只是一向清高的她，怎肯轻易接纳？夜晚，他在她的楼下摆放了心形的烟花，点燃之际，她在楼上感动默许。

赢得了她的芳心，他发誓，要好好待她。她说：“我脾气不好。”

他回应："漂亮的女孩，大都有点脾气，没关系。"真的并非花言巧语，他心里着实这么想，他也相信，自己会做到令她满意，不惹她生气。

他向来都是一个宽容的人，他也相信，自己的宽容和厚实，一定会给周围的人带来信任感和踏实感。可惜，他根本没料到，她的小心眼和坏脾气竟超出了他的想象。

第一次正式以男女朋友约会，说好下午两点在电影院门口见面。偏偏，在他正准备关门歇业的时候，诊所里突然来了一个急症病人。医者仁心，不管怎么说，他都得先照顾好病人。结果，到电影院的时候，晚了 20 分钟。其实，他到的时候，她也才到了 5 分钟。他下车后，一路跑到她跟前，上气不接下气，掏出电影票刚要解释，她却一脸愤怒，那双纤细的手直接把电影票撕碎，之后拂袖而去。

他追上她，跟她解释，她不耐烦地甩出一句话："是不是就你会看病？是不是就你一家诊所？"这番话一出口，他心里顿时凉了一半，从前的他只知道她脾气坏，可这两句话却让他不寒而栗，感到一股冷漠。他没再说什么，如果再给他一次机会，他依旧不会丢下病人不管。

晚上在酒吧里，他跟朋友唠叨起白天的事。已婚的朋友笑道："没事儿，女人当姑娘时脾气不好是正常的，等结婚有了孩子就好了。"

他信了，因为他爱她。半年后，他们结婚了，他以为她的脾气会收敛一些，可直到他们有了孩子，她还是一如当初那么尖酸刻薄，因为一点儿小事就吵架。小孩子哭闹本是正常的事，她却听不得，总说他不顾家。他诊所工作忙，加班回来晚，她也摆出一副爱答不理的样子，觉得他不够负责任。

她爱浪漫，他也尽量满足她。每逢重要的日子，他从不忘给她买一束花，或是带她去新鲜的餐厅。在他看来，浪漫就像是一袭华丽的晚礼服，纵然美丽耀眼、令人心醉，却不适合每天穿在身上。对此，她却是另一种态度，非要把每天的日子都当成纪念日，恨不得一日三餐都要精致。坦白说，他受不了，偶尔的奢华浪漫是情调，每天都要如此，却不免有些腻。就像吃多了山珍海味，还是最怀念一碗白粥配小菜。

工作上，他待病人态度极好，收费也合理，诊所的口碑越来越好，扩大规模是必然的趋势。他联系了一个不错的朋友，希望能入股合作，那段日子，他一直忙着这件事，回家的时间自然也就晚了。没想到，她竟然开始怀疑他有外遇，还时常打电话跟家里的老人念叨这些，搞得像是真的一样。起初，父母不以为意，可听得多了，难免起疑，还有意无意地提醒他自重。他心里压着一股委屈，自己明明在为这个家努力打拼，却被扣上了黑锅；若自己真的忽略了她和孩子也就罢了，可该做的事，他一样也没落下。

新诊所开业后，她的神经质愈发严重，但凡来了年轻的女护士，她就会起疑心。没事的时候，她总要到诊所里转转，虽然什么也不说，可那拉长的脸任谁见了，都只想敬而远之。好几次，他根本不知道发生了什么事，她就拉开了冷战的序幕，就算说话，也只是冷嘲热讽。

回顾这段感情，他思绪万千。曾经，他以为是周围的人都不懂她，不肯迁就她，才说她冷傲清高不可一世。现在，与之生活了这么久，他拿出了所有的宽容和迁就，却依然改变不了她内心的狭隘和无理取闹的坏脾气。他依然爱她，可明天的路该怎么走下去，他却毫无头绪：继续在一起，找不到平静和踏实；就这么放弃，心里还有万般不舍。

在爱情中，维系幸福的不是山盟海誓，是彼此的包容与相濡以沫；在友情中，维系情谊的不是相互索取，而是真诚的付出与接纳。谁都会有情绪，这一点无可厚非，但要让某个人时时刻刻迁就你，无论对错都全盘接收，实在太难。

一位女作家在谈及女性修养时说："不要做随意耍性子、发脾气的女人，觉得谁都应该宠着你，一点小事儿就任性妄为。发脾气不能突显高贵和尊严，只能让你看上去粗俗彪悍。真正优雅的女人，应该温柔体贴、宽容慈悲。"

在漫长的岁月里，别让愤怒和坏脾气绑架了你所有的美好，如果可以，希望你成为一个有出离心的女人：不咄咄逼人，不尖酸刻薄，收起自己的愤怒，收敛自己的脾气，有问题就想办法解决，有分歧就静心沟通。要知道，最强硬的生活姿态不是愤怒，而是平和。

心安住，行路宽

这个世界从来就不是完美无缺的，就看你自己用什么眼光去活着。既然来到这世上，就要好好地走一遭，那些送远的往事，何苦在心头苦苦缠绕。既然只能面对，那就清醒地面对，用洒脱换一生，心安住，行路宽。

——延参法师

无果禅师为了能够专心修禅，搬到深山隐居，一住就是20年。

这些年来，有一对母女经常来看望他、照料他。可是，20年过去了，无果禅师并没有取得太大的成就，他认为自己无法在这里修行得道，便想到外面寻师访道，解除心中的疑惑。

临行前，母女对他说：“禅师，不妨再多留几天吧！路上风寒，容我们为你做一件衣服，再上路也不迟。”禅师盛情难却，只好点头答应。

母女二人回家后，连忙着手剪裁衣服。衣服做好后，她们又包了四锭马蹄银，送给无果禅师作为路上的盘缠。禅师心存感激，接受了母女二人的馈赠，于是收拾行囊，准备第二天一早就出发。到了晚上，禅师坐禅养息，半夜里突然出现了一个童子，后面跟着一群人吹拉弹奏，扛着一朵很大的莲花，来到禅师的面前。他们诚恳地说：“禅师，请您上莲花台。这就是您要去的地方。”

无果禅师很镇定，他心想：“我的修行还没有到这种程度，这种情况来得太早了，也太突然了，恐怕不是什么好兆头。”于是，禅师不再理会。童子一再强调：“机会只有这一次，错过了就再也没有了，您可要想清楚啊！”无奈之下，禅师只好随手将一把引磬插在莲花台上，童子和诸人见此情景，高兴地离去了。

第二天早上，禅师正准备动身出发，母女二人过来送行。禅师看到她们手里拿着一把拂尘。母女二人询问：“这是禅师遗失的东西吗？昨晚家中母马生了死胎，马夫用刀破开，见此引磬，我看像是禅师之物，便给你送了过来。只是不知道，为什么这东西会从马腹中生出来呢？”

无果禅师听后，一场吃惊，说道：“一袭衲衣一张皮，四锭元宝四个蹄；若非老僧定力深，几与汝家作马儿。”他的意思是说，幸好我有一些定力，昨晚禁得住他们的诱惑，没上莲花台。若我上了莲花台，今日你们看到的就不是引磬，而是“我”了——我投胎做了你家的马儿。

说完，无果禅师把马蹄银还给了母女，作别而去。

人生在世，时时处处都存在着诱惑；万世繁华的背后，悬着一颗颗散乱而空虚的心。遭遇得失荣辱的人生落差，有几人可以岿然不动、淡然一笑？在名利声色面前，又有几人可以不为所动、灵魂不受丝毫纷扰？有时，旁人一句不经意的话，都会让一颗不安的心荡起涟漪。

研究生毕业后，苏筱想要留校做学问。对于这个选择，周围不少人给她泼冷水，说她思想太保守，自身条件那么好，完全可以到外面闯荡闯荡，不管是从政还是经商，都比做学问实惠得多。

面对周围的质疑声，苏筱有点受打击，可她还是想坚持自己的选择。时隔一年，当她发现身边不少同学毕业后去了银行、电台、投资公司，社会地位和福利待遇都比自己高出一截时，她再也按捺不住了，竟然憎恶起她一直认为神圣无比的做学问这一职业。

其实，依照她的能力和才智，做学问很有前途。只是她的心已经不安于本职了，终日满腹牢骚，苦闷不已，一门心思想找机会转行，跳槽到更好的地方。结果，她在工作上频繁出错，感情上也受了情绪的牵连，最后弄得自己每天郁郁寡欢，对生活也没了热情。

《坛经》中记载着这样一则故事：师徒几人在寺中打坐，突然一阵风来，吹动了旗杆上的幡。一个小和尚说："幡动了。"另一个小和尚说："不是幡动，是风动了。"老和尚平静地说："既不是幡动，也不是风动，是你们的心动了。"

人生是一场修行。在修行的过程中，会遇到各种各样的诱惑，或许是金钱，或许是地位，或许是美丽的风景。有些女人心动了，停住了清修的脚步，从此搁置了修行的计划。可那诱惑是否能真的如人所愿，能把最初的那一份繁华与美好延续下去，无人可知。很有可能，那只是一副用花环编织的罗网，一旦进去了，就无法自在与逍遥。

季羡林先生曾说："纵化大浪中，不喜亦不惧。"

世界在变，生活在变，身处两者之中，若终日跟着外界的脚步走，迟早有一天会跟不上它的节奏。把目光转回自己的内心，不为外物所动，在心灵深处营造一个平静而稳定的港湾,以心灵的不变应对外界的万变。保持灵魂的独立和内在的宁静，循着自己的心来行事，而不是人云亦云，人动我亦不安。若少了一颗不动心，很容易迷失方向，随波逐流，抵挡不住欲念的牵绊，被诸境所染，被他人所影响。若能掌控自己的心，不随境转，就不会浮躁失控。

当然，要拥有一份这样的心境实属不易，也并非一朝一夕之事，需要不断地积累、不断地修炼，可能要经过沉浮的洗礼、生离死别的考验，还有爱与恨的煎熬。当一切都经历了，一切都走过了，生命也变得厚重了，沉静到扰不乱，稳健到动不摇，淡定到打不动。当一个女人心里对外物的感觉变淡了，才能产生绵延的幸福感。

人生没有最好的选择

人生哪有那么多观众啊，是自己常常入戏太深。这个社会没空理你。一切的一切可说再见，也可说再也不见。坦白说，没什么大不了的，缝缝补补赖里吧唧的人生不是我想要的。既选择，勿回头，勇敢向前走吧。自由自在，像风一样，迎着山谷上升，贴着大地飞翔，以梦为马，直到世界尽头！

——《走吧，张小砚》

读大学时，刘薇谈过一个男朋友。对方长得眉清目秀，只可惜家不在本地，个性又太强，临近毕业时，为了去留的问题两个人争论不休。最后，男孩义无反顾地去了上海，刘薇留在了大连。起初，两个人还保持联络，可时间久了，彼此见不到面，打电话发短信也总是闹误会，无奈之下只好分手。

度过了两年的感情空白期，家里人开始催促刘薇去相亲。她觉得，这一次谈恋爱一定要谨慎，要找一个家在本地的男孩，性格也得温和点，绝不能像之前的男友那样，为了一点事就跟自己吵吵嚷嚷，她实在无法忍受。

天遂人愿，刘薇这次精挑细选的对象是一个性格温和的男孩，什么事都顺着她、让着她，很少发脾气，家离得也不远。恋爱之初，刘薇感觉很好，可慢慢她又厌烦了，觉得对方不太适合自己，性格温和固然好，可很多时候缺乏主见，也没什么思想。她心里有点迟疑，也有点后悔。毋庸置疑，最后两人也是以分手告终。

接下来的日子里，她重复着这样的过程：选择，放弃；再选择，再放弃。到后来，身边的人也不愿意给她介绍对象了，都说这女孩子太挑剔。作为父母，自然了解女儿的秉性，尤其是从事心理研究工作的父亲，更是觉得有必要给女儿上一堂“人生课”。

恰好，家里的老房子拆迁，新房还没有拿到钥匙，一家人只能暂时租房住。父亲把租房的任务交给了刘薇，刘薇自信满满，说没问题。其实，那是她第一次租房，没有任何经验，可脑子里的想法不少：一定得有落地窗，光线好；小区周围的设施要全，方便日常生活；最好有集体供暖，冬天住着比较舒服……开始，她觉得这事只要交给中介，一切都能按照预想的计划来，在她看来，这些要求也不算太高。

结果呢？中介带她看了几套房子，她都不满意：带落地窗的房子，都是近几年新建的，周围设施比较齐全，可多数都是天然气自取暖型；那些有集体供暖、住着舒服的房子，往往看起来都比较老，楼道也很旧，而且都是板楼，没有电梯。

选择有落地窗的大房子，那么冬天就得自行取暖，至于房间是否暖和、这部分费用是多少，都是未知的；选择陈旧的老楼，格局不太满意，少有南北通透的房子，总觉得房间里不够亮堂，若在三楼以下还好，若是五六楼，家里的老人上下楼也成问题。

一时间，刘薇也犯了难，不知道怎么选择。她把情况跟父亲说了，父亲在众多的房源中选择了一个：旧式老楼，三层，三居室。他觉得，这个楼层还算合适，慢慢爬上去不会太累，重要的是老楼冬暖夏凉，冬天供暖往往也会提前几天，比较适合“怕冷”的家庭成员。

搬进老楼之后，父亲就选择房子的事对刘薇说：“做人做事不要太犹豫。很多时候，你不敢去选择，害怕去选择，就是因为害怕承担结果。你总是希望能有一个选择可以满足你所有的想象，可我要告诉你，人生从来都不存在最好的选择，只有承担自己的选择。选房子如此，选择结婚对象，亦是如此。”

生活中，许多女人都跟刘薇一样，苦苦地寻找着“最好的选择”。然而，生活的真相是：如果不停地选择，不停地追逐下一个所谓更好的目标，那么结果往往一无所得，甚至还会留下许多懊悔。

儿时的你，或许就听过这个故事：小猴子下山找吃的，先是走进玉米地，看见玉米又大又好，随手就掰了一个，扛着往前走。走着走着，又看见一棵桃树上结满了桃子，它扔了玉米去摘桃子。捧着桃子往前走的它，又看见了满地的西瓜，于是扔了桃子去摘西瓜。抱着西瓜回家的路上，又看见只兔子，便放下西瓜去追兔子。结果，兔子没追到，自己两手空空。

人生就如同一张试卷，上面尽是选择题，而我们从出生开始，就注定要不停地做出选择。年幼时的选择常常是无足轻重的，考虑得也少，随着年龄的增长，考虑得越来越多，渴望得越来越多，计较得也越来越多，在面临选择时，就变得犹豫了，总担心，这一刻选择了，下一刻还有更好的；又担心，选择了眼前的之一，错过了另外一个，日后会后悔。到最后，心变得越来越迷茫，越来越不知道自己想要什么。

其实，对于那些已经选择的，真的不必后悔。人生这张考卷，没有完美，只有尽力。勇敢地去承担自己的选择，把现在的选择变成最好的、最适合自己的，就是成功。更何况，选择好不好，更多的是自己内心感受的好不好，不多看、不多听，选自己所爱、爱自己所选，就能活出无悔的人生。

你终究是活给自己看的

行走在人群中，我们总是感觉有无数穿心掠肺的目光，有很多飞短流长的冷言，最终乱了心神，渐渐被缚于自己编织的一团乱麻中。其实你是活给自己看的，没有多少人能够把你留在心上。

——白岩松

去过日本京碧寺的人大概都看到过，它的山门上有一块匾额，上面写着四个大字：第一义谛。这四个字是 200 多年前洪川大师的手迹，据说，当年洪川大师为了写好这四个字，反反复复地写了 85 遍。

洪川大师做事一丝不苟，注重完美，弟子们也承传了他的作风。当年，洪川大师在写这四个字时，一位遂心求全的弟子在旁边观摩。大师每写一幅字，弟子都摇头说不太好，一会儿嫌撇写得太短，一会儿又嫌捺写得太长。见此情景，大师也只好不停地改。

时间一晃就过去了半天，洪川大师耐着性子一连写了 84 幅字，可没有一幅得到弟子的认可。后来，弟子去了厕所，洪川大师才松了一口气，心想：再也不用被那双挑剔的眼睛盯着了。在心无旁骛的心境下，他自由地挥就了第 85 幅“第一义谛”。

弟子如厕归来，看到师父写的字迹，大赞是精品。

回头想想，洪川大师之所以前面的 84 幅字都写得不尽如人意，并非水平的问题，更多的是心有旁骛，无法跟随自己的意愿走，始终被弟子的目光和评价牵引着。活在他人的目光里，心情自然无法平静，而书法这件事，讲究的就是平心静气。

从这件事引申到现实生活，足以见得：连洪川大师这样的人物都难免被别人牵绊，又何况芸芸众生呢？女人有与生俱来的敏感，别人无意间说的话、做的事，乃至一个动作或眼神，都可能诱发她的不安；心思过重的女人，听到别人不满的言辞，心里就系上了疙瘩，怎么也解不开，非要想办法证明自己并非如此，否则就难以释怀。

真的有必要这样吗？你解释了，别人就一定能理解吗？你的价值，就只存在于他人的口舌之中吗？要知道，生活是自己的，谁都有权利选择自己喜欢的生活方式，因为每个人的经历不同，思想不同，所处的环境也不同，不可能要求所有人都按照一个既定的框框来活着。只要你坚信自己是对的，喜欢你所选择的生活方式，那就够了。

她是《华尔街日报》中文网的女主编，没房子，没车子，没爱情。她对同事说："像我这样的女人，若是待在家乡，简直就被人笑话死了。我这么大年纪，没房、没车、没爱人、没孩子，似乎是一无所有，别人会觉得我很可怜。"

同事问："那你在意这些说法吗？会不会觉得影响了你的生活？"

她笑着说："我觉得自己过得挺好的，生活可以有多种形式，干吗非要和别人一样呢？他们愿意怎么看就怎么看，愿意怎么说就怎么说，要是整天琢磨这些，我就没法生活了。”

每个女人都该有自己的生活态度和方式，都该有自己的评价标准。若是为了取悦别人，一味地满足他人的价值观，为难自己、为难最亲密的人，那无疑是痛苦而悲哀的。别人的目光纵有千千万，也比不上对自我心灵的诚实，没有任何人可以成为自己人生舞台的设计师。所以，女人不该让他人的论断束缚自己前进的步伐，只有全面而真实地活出自我，才不会盲目和迷失，才能体会到真正的幸福。

要活得淡然、洒脱，不受他人评价的左右，在生活中就要有自己的“原则”。

把他人的思想言行和自我价值区分开。别人说什么，不过是他们对事情的看法，并不是真理和事实，也不是不可改变的，认为有道理的就听，认为不对的就一笑而过。对于那些企图支配自己的人，要坚定一个观点：你的意见跟我没关系。不依照他人的感情确定自己的价值，也不必去费心解释和反驳，因为有些事越解释越纠缠不清，都是徒劳。

不要指望所有人都理解自己。人的思想、修养、经历各不相同，不可能对他人的言行完全做到感同身受，就连我们自己也一样，会对某些人的某些举止感到疑惑不解。可就像有人说过的那样：人不需要理解，也不可能理解一切。如果每件事都要得到他人的理解之后再去做，那么人生的很多时光和机会，恐怕都已经错过了。

他人的批评和指责用不着太在意。想淡然而勇敢地活出自己，那就要从别人的目光中逃离，并随时做好被批评的准备。当你不理睬他人的评价时，可能会有人说你自以为是、狂妄自大，这是很正常的事，不必难过和生气。世界上那些活得与众不同的人，往往都会遭受非议，当你不去理睬时，你就已经在显示自己的与众不同了。

相信自己的判断，不要担心被孤立。很多事情发生在自己身上，他人的看法不过是以他们的阅历和认知来判断的，根本不符合你的现状。这就跟穿衣打扮是一样的，不同的气质、身材要选择不同的衣服，按照别人的标准来选择，就可能弄巧成拙。当然，你也不必担心自己会因此被孤立，有时，真理就站在少数人的一边，若因为认可自己行为的人少，就轻易地放弃，或者否定了自己，实在很可惜，也很不明智。不管你是少数还是多数，你认为对的，就该坚持，也值得坚持。

女作家席慕蓉曾坦言："我跟自己说好，要活得真实，不管别人怎么看我，就算全世界否定我，我还有我自己相信我。我跟自己说好，要过得快乐，无须去想是否有人在乎我，一个人也可以很精彩。我跟自己说好，悲伤时可以哭得很狼狈、很狼狈，眼泪流干后，要抬起头笑得很漂亮。"而亦舒更是直接："何必向不值得的人证明什么，活得更好乃是为你自己。"

是的，在自己的世界里，女人就该学会自己做主。何必在意他人的目光，何须向不值得的人证明什么，活得更好乃是为你自己。

每个灵魂都该是自由的

这个世界变化太快，人们太容易被这种速度控制，偏离自己原来的轨道。我梦想的生活是可以随时放下一切，退回自己的世界，享受安静和幸福。每个灵魂都该是自由的，不受任何人的限制。

——苏菲·玛索

美国心理学家帕萃丝·埃文斯在《不要用爱控制我》中写过这样一段话："人们评价我们，实际上是在假装知道我们的内心世界，是在对我们的精神边界进行攻击。如果接受这些攻击，我们会暂时迷失自我，屈服于别人的控制。"

1935 年 3 月 8 日，一代影后阮玲玉在难以承受的流言蜚语中，结束了自己年仅 25 岁的生命，含恨留下"人言可畏"的遗言，以此印证了"舌根底下压死人"的俗语。这位年轻的姑娘，才经历世事，羽翼还未丰满，内心还不足以承受外界的狂风骤雨，残酷的现实就给了她重重一击。她的离开，是一种悲哀，也是一种无奈。

活在世上一天，就免不了要面对和承受外界的流言蜚语，真的、假的，好听的、难听的，任何女人都无法阻止它们的出现，因为你不可能堵住别人的嘴。你美丽漂亮，有人心生嫉妒，刻意诋毁你；你平庸清贫，有人看不起你，言语间透着一股鄙夷；你精明能干，有人说你太过算计，心机太重；你与世无争，又有人说你软弱、没有主见。总之，各种性情的女人都会被人捏住“把柄”，不管你活成什么样，都难以赢尽所有的人心。

如果，你被激怒了，把流言蜚语统统听入了心，那么烦恼就会无穷无尽地缠绕着你，使你一辈子都不得安宁。换而言之，太认真，你就“输”了。你输掉的，是自己的生活，是平和的情绪，是内在的修养，是美好的明天。

真正理智而坚强的女人，面对他人的评价和责备时，往往会一笑了之。倒也不是一点儿都不介意，只是心里明白：你不是我，怎知我走过的路、我的悲与喜？懂的人，不用说自然也会懂；不懂的人，解释再多也是徒劳。只不过，并非所有女人都能把事情看得这般通透，为了他人的一句话而情绪失控、怒不可遏的女人，依然不在少数。殊不知，对于不怀好意的人来说，你暴露自己愤怒的丑态，俨然就是掉进了对方的“陷阱”，就算对方本无恶意，你为了一句随口而说的话坐立不安，也不是明智之举。

H 向来不喜欢与人争，总是一副随和亲善的模样。不过，她从事的职业却偏偏少不了与人争——销售。销售部的同事个个牙尖嘴利，为了订单钩心斗角的事时有发生。依照她的性格，只想本本分分地做人做事，为此有人说她太实在，上司对她也不太赏识，言外之意，她不够“精明”。

她明白，这是一个急功近利的时代，太多人等不及，也不愿去花费时间等待，恨不得这一秒的付出，下一秒就能见到回报，否则就觉得是浪费时间和生命。但她想得更为长远，开发客户不是一天两天的事，也许一段时日内都没有做出一单，可不意味着所有的努力都白费了，总得沉得住气，才能守得云开见月明。

因为性格与行事风格上的差异，有些同事总跟她针锋相对。她为人直率，有话喜欢当面说清楚，不喜欢遮遮掩掩。恼人的是，那个尖酸刻薄的女同事从来都是在背后搞小动作，表面上还一脸和善。好几次，这个女同在背后给H打小报告，惹得上司对H严重不满。对此，H也很窝火，一肚子委屈。

那天，她刚走到办公室门口，就听见里面叽叽喳喳地在议论着她。她装作没听见，走到了自己的工位上，见她来了，那群人也就散了。她以为，自己默不作声就算了，能唤醒某些人的自知之明，可她没想到，对方反倒变本加厉，经常给她散布流言，说的话也越来越离谱，甚至到了侮辱人格和尊严的地步。

终于，在某天下班之后，她内心积蓄已久的怒火彻底爆发了。下班后，她把一些资料落在办公室，又连忙跑回去拿。刚进门，就撞见那个女同事在跟新来的一个女孩议论自己。看见她进来，对方不仅没有收敛，还摆起一副不屑的样子。这可激怒了她，她没给对方留面子，怒视了一眼，拿起桌上的资料，狠狠地摔向了那个同事，大吼道："你说够了吗？"

其实，同事造谣生事，在背后诋毁她，公司里的其他人也有所耳闻，可现在，她在办公室里对同事大打出手，还当着其他人的面，着实惹来了上司的不满。为此，上司还特意把她叫到办公室，训斥了一番，说她给公司造成了不好的影响。她心里的苦，无处可诉。

都说“有人的地方就有江湖”，这句话，其实不妨改为“有人的地方就有流言”。他人的有意贬低、恶意嘲讽，真的不必太往心里去，要知道，不管你做得多好，总有人会不满意，会挑挑拣拣、说三道四。就算你无法像橱窗里的瓷娃娃一样，对所有人都面带微笑，但至少要学会不让对方的言行控制自己的心情和思绪。

当他人误解自己、否定自己、随意评价自己时，保持内心的独立和自我的清醒，不轻易被他人的言语激怒，这是一个女人的自爱，更是一个女人的坚定。至于流言蜚语，就随他去吧！我们迟早都要明白：生活只属于自己。

Chapter2

用力去做事，用心去生活

没有一种幸运是偶然

改变自己不容易，即使是你明知道不好的毛病。说要改，但没行动力，久之成了惯性，说过的话变成了说说而已。羡慕只有配上行动力才有意义，想遇到想象中的人，就得让自己接近想象中的自己；想拥有不曾有过的生活，就得做以前不曾做过的事；想过上让自己满意的日子，就得付出与之相符的努力。

——卢思浩

某天深夜，她接到女友A打来的电话。

电话那端，传来极度亢奋的声音："猜猜看，我现在在哪儿呢？"

她睡意蒙眬，嘟囔着："你能在哪儿？大半夜的，不是去K歌，就是去喝酒了。"

女友A笑她俗气，说："告诉你吧！我现在在加州呢！"

她叹了口气，对女友A说："真羡慕你啊！"

挂断电话后，她睡意全无，脑海里全是女友A的音容笑貌。

说起女友A，还得从大学时代讲起。她们是室友，上下铺，关系私密得很。那时，A不止一次地对她说，毕业之后有机会一定要出国。她一直以为，A只是说说而已，毕竟A的家境一般，想要出国留学，需要自身的努力，也需要财力的支持。

大一那年，周围人都在学英语，为了准备四级。A 每天也跟她一起，抱着一本雅思的书，说光看四级的还不够，得“拔高”一点，这样才更有通过的把握。她笑话 A 是三分钟热度，不知天高地厚，却没想到，到了大二那年，A 竟然真的通过了雅思。

业余时间，女友 A 拉她一起去打工，说体验体验生活。从小养尊处优的她，听到“打工”的字眼很是兴奋，就满口答应了。接下来，就是四处奔波，面试筛选，没折腾几次，她的新鲜劲儿就被消磨殆尽了。不久之后，女友 A 就开始忙碌起来，凭借自己出众的外表和口才，做了兼职的会场活动主持，这份工作一直持续到她大学毕业。

毕业之后，女友 A 去了上海。自那以后，她们一南一北两地相隔，唯有靠网络和手机联系，见面的机会少之又少。不过，她一直关注着女友 A 的动态，一直感叹 A 丰富多彩的人生。似乎，A 的生活始终处在变化之中，每天都充满了新奇，若是有些天不去看她的动态，再看的时候，就有可能出现让你大吃一惊的一幕。

想想这些年的自己，她不禁觉着，日子有些索然无味。大学四年，平平淡淡地过去了，没什么可喜的成绩，也没有值得回味的辉煌。毕业后，她依靠着家里的关系，找了一份相对稳定的工作，谈不上喜欢或不喜欢，只是养活自己的一份差事罢了。谈及未来，有点迷茫，望着周围越来越多穿着婚纱步入结婚殿堂的姑娘，她想，可能下一段路就是，找个好人嫁了。

几日后，她看到了女友 A 的最新动态。原来，女友 A 真的实现了自己的梦想，她不是去旅行，是到加利福尼亚大学读书了。一时间，评论留言如雨后春笋，几乎都是羡慕与唏嘘的声音，关系不太熟的献出了客套的祝福，关系一般的发表了自己的佩服之情，关系熟稔的则毫不隐讳地流露出“羡慕嫉妒恨”。

她和女友 A 在线聊天，调侃着说：“喂，你都已经成了‘女神’级别的人物了，近期茶余饭后话题的焦点非你莫属！多少同学眼红呢！说真的，我也挺羡慕你的！”

女友 A 发来一个坏笑的表情，回了一句：“唉，你只看到了萤火虫的光芒，却没有看到它背后煽动的翅膀。”

只此一句，犹如醍醐灌顶，浇醒了她那颗沉浸在羡慕中的心。多数人，包括与女友关系最亲近的她，看到的都只是 A 光鲜亮丽的人生，却从未用心感悟和亲身经历 A 所走过的历程。

女友 A 说，许多人追着问她背单词的秘诀，她开玩笑地说，自己过目不忘。其实，哪有什么秘诀可言，不过是背了忘、忘了继续再背，反反复复，周而复始罢了。别人只看到自己英语过了六级、雅思，却没有人问她熬过多少个通宵自习。

当别人羡慕女友 A 有一份不错的兼职，不用问家里要学费，早早实现了经济自由时，A 说：“我主持活动冷场遭人起哄的时候，没有人为我解围，还得硬着头皮把活动进行下去。有时，从早到晚地忙，吃不上一顿像样的饭，也没有人知道……但我不难过，从我决定去实现理想那天开始，我就知道，想拥有必须先付出，这个世界上有很多人天生优渥，可以坐享其成，但我从来不是那个幸运的姑娘。”

是的，世间从没有一蹴而就的完美，也没有从天而降的幸运，我们总是羡慕别人的光芒，却不擅长透过表面看到别人背后的努力，习惯性地被光芒迷了眼、迷了心。其实，生命是一个慢慢积累的过程，很多事情需要等待很久才能看到努力后的回报，期间的种种艰辛，泪水、汗水，旁人未见或不解，个中滋味只有亲身经历才会懂。

有句话说得好：“每个优秀的人，都有一段沉默的时光。那一段时光，是付出了很多努力，忍受孤独和寂寞，不抱怨、不诉苦，日后说起时，连自己都能被感动的日子。”

真的不必去艳羡他人，感慨自己不够幸运，静下心来，默默耕耘，为了你想要的明天去付诸努力。一件事无论太晚或者太早，都不会阻拦你成为你想成为的那个人，这个过程没有时间的期限，只要你想，随时都可以开始。

靠自己过想要的生活

于普通人而言，温和有礼，不打架不骂人不挑衅不肇事，不贸然闯入他人世界，不给他人添堵，不麻烦他人，不害他人，就是善良。简而言之，依靠你自己过好你自己的生活，已经很善良了。

——《读心卡：时光深处的秘密》

安妮宝贝说过："要做一个内心强大的女子，碰到喜欢的东西，要自己买给自己。不可以寄希望于男人，否则会失望，或者会不珍惜。"

漂泊在繁华的都市，她曾经无比渴望拥有一个属于自己的家。只是，那时的她力量太过微薄、太过渺小，不足以支撑这个夙愿。见证了两三个闺密的婚礼，眼看着她们走进幸福，在城市的角落里安了家，身心有了依靠，她内心的渴望变得更加强烈。

她对男友说："我们是不是也要考虑买房的事了？"贪图享乐的男友手移动着鼠标，眼皮抬也不抬，回了一句："不想买，背负那么大压力干吗？况且，我家里有房子啊！"说这话时，他根本没看出她脸上的焦虑不安，更体会不到她当时有多么缺乏安全感。

她默不作声。对，他家里是有房子，一栋三层的小楼，可他的家远在千里之外。她想要的，是在眼下这块土地上有个属于自己的归宿。每次听到周围的人谈论房子，她的心总是沉沉的，她甚至怀疑，他是否真的爱自己，是否想到了两个人的未来？

那一年，是2005年，她24岁。

时隔两年后，她不再提买房的事了，因为房价已经突飞猛涨，当初她看上的地段，如今的价格已让她望尘莫及。至于那个坚决拒绝买房的男友，也已经离她而去。一场谈了六年的爱情，就这样无疾而终，留给她的是满心伤痕。

痛定思痛之后，她把银行卡里仅有的10万元存款取出，在市郊一个不算繁华的地段，贷款买了一处小房子。也许，从此要拿出一部分享受生活的钱来还月供，可她心里是踏实的，靠自己得来的东西，让她感到温暖和骄傲。

记得许久之前，她曾对前任男友说过，想去西藏布达拉宫，体验一把心灵的净化。男友信誓旦旦地说，会带她去想去的地方，看想看的风景。只是，承诺与誓言，总是有口无心。从相互有好感，走到至亲之人，而后成了陌路，曾经说的话，也随着那段逝去的感情烟消云散了。

她想起安妮宝贝说过的话：“为何要在茫茫人海寻找灵魂唯一之伴侣，自己是唯一伴侣，他人不过是路边风景，就如你坐在火车上，看得到风景在出现，消失，又出现，一直此起彼伏，那是因为你在前进。你只能带着自己去旅行。对他人，可以善待，珍重，但无须寄予厚望。没有人可以解决我们的内心。”

是的，她不想再等待了，不再希冀着有一天能遇见一个拉起她的手行走天涯的人。自己想要的，自己想做的，自己去实现。她买了那张渴望已久的车票，坐上火车去了拉萨。

有时候，越是习惯了依赖，习惯了寄希望于人，就越容易丧失勇气。一旦想明白了，迈过心里的那道坎儿，就会渐渐懂得，最想要的幸福，唯有自己给得起。

一位留学德国的独立女孩，曾在一篇人生感悟里写下这样的字句：“如果你足够强大，你就不会把幸福押在别人身上，你会自己创造幸福或者能给别人带来幸福，而变得强大的途径，就是学习，就是读书，就是学一切东西，读一切想读的书……无论是什么样的女生，平凡的，突出的，都应该做一个精神和物质很强大的女子，想要钱，自己赚；想要房车，自己买；想要男人，自己找。不要无赖地等待着别人给你钱，傻乎乎地等男人来找你。”

女人要学会为自己活着，更要学会为自己负责。紧张和吝啬会养成习惯，不要等到不能享受了，再来享受生活。喜欢一样东西，用自己的能力去得到，没什么不合适。

别傻傻地等着他人送你玫瑰，这一生若遇不见那个浪漫的人，也许玫瑰就只是一个梦；即便遇到那个浪漫的人，他也未必会一直给你想要的。真的想要花香，就到花店给自己买一束清新的，放在喜欢的竹藤圆茶几上，让满屋散发出百合的味道，带着丝丝的浪漫，透着微微的感动，漾出缕缕的温存。在这个物欲横流的时代，给自己的内心留一抹柔软的生活情调。

别傻傻地盼着有人带你去见识世界，想听一场音乐会，想看一场芭蕾舞，干脆买票优雅地进场，在第一时间听到想听的声音，看到自己想看的画面，丰富生命的内涵，那是最有意义的自我投资。

别傻傻地想着爱人赚了足够的钱供你去保养，去保持美丽。想买一件蚕丝睡衣，那就在自己可以承受的条件下，为自己购置一套，别再拿旧衣服当睡衣穿，它会让你感受不到生活的品质，所谓精致不是多么光鲜亮丽，而是在细微之处凸显对自己的关爱；想要一套护肤品，那就花一部分工资成全自己，青春不可重来，岁月亦不饶人，等有一天你有足够的钱了，想要再美美地保养时，却是花再多的钱也买不回娇颜了。

素黑说：“自爱，无须等待。”

女人要用心生活，用心待自己。人生旅途，别奢望有谁永远知你的心，永远能在第一时间给你想要的生活。若真的想要一件东西，那就自己去争取。如此，人生才不会失望。

生活从不会亏欠任何人

生活不会按你想要的方式进行，它会给你一段时间，让你孤独、迷茫又沉默忧郁，但如果靠这段时间跟自己独处，多看一本书，去做可以做的事，放下过去的人，等你渡过低潮，那些独处的时光必定能照亮你的路，也是这些不堪陪你成熟。所以，现在没那么糟，看似生活对你的亏欠，其实都是祝愿。

——张皓宸

一个喜欢怨怼的女人，某天夜里遇到了天使。天使对女人说："很快将有好事降临在你身上了，你有机会得到大量的财富，嫁给一个如意郎君。"

女人终其一生都在等待这个奇迹，可直到生命结束，也未曾等到。她在穷困与孤独中度过了一生，心里满是哀怨和愤怒。

死后，她去了天堂，并再次遇到了那个天使。她一脸不满，语气中夹杂着埋怨，对天使说道："你说过，会给我财富，会让我嫁得如意郎君。我等了一辈子，什么也没得到。"

天使回答："我没有那样说过，我只承诺过要给你机会得到财富，并嫁得如意郎君。可是，你让这些从你身边溜走了，我也无能为力。"

女人百思不得其解：“我不明白你的意思。”

天使问：“曾有一次，你想到了一个不错的点子，可惜因为怯懦，你放弃了。几年后，这个点子被给了另外一个女人，她无所畏惧地尝试了。你可能记得那个人，她后来成了你们城里最富有的女人。还有，你记不记得一个鼻梁挺拔、身材高大的男士，你曾经非常强烈地被他吸引，你从来不曾那样喜欢过一个人，之后也没有再碰到过像他那样令你心动的人。可是，你觉得他不可能会喜欢你，也不可能会跟你结婚，因为自卑，你错过了。其实，他本来应该是你的爱人，你们会有几个可爱的孩子，跟他在一起，你的人生将会有许多快乐。”

女人听完天使的话，眼里含着泪。一直以来，她都认为天使欺骗了自己，生活亏欠了自己，此刻才知道，路是自己走出来的，怨不得任何人。生活，不会是一番坦途，但亦不会是绝境；它不会亏欠任何人，但会略偏爱那些有心的人。

她曾是身无分文的农村姑娘，如今已是腰缠万贯的成功女性。23岁的她，只用了短短三年的时间，就让人生实现了如此大的跨越。

时间拉回到三年前，那时的她，正在一户人家做保姆。偶然的一天，女主人让她陪着自己去参加一个楼盘的开盘活动。当时，售楼处挤满了人，售楼小姐带大家参观样板房时，不知道是谁撞翻了客厅墙角的花盆架，不偏不倚正好砸在电视机上，一下子把屏幕砸碎了。看房的人们面面相觑，纷纷推卸责任，都说不知道怎么回事。售楼小姐望着狼藉一片的场景，急得快哭了。

回来的路上，她的脑子里一直想着刚刚发生的事。途经一家玩具店时，她突发奇想：能不能像玩具模型那样，用一种塑料的仿真家电来代替实物呢？这样的话，开发商不仅可以降低成本，挪动起来还很方便，且不怕摔、不怕碰。

她把自己的想法告诉了女主人，没想到，女主人非常赞同她的想法，还表示愿意为她的创意投资。欣喜若狂的同时，她心里也有些许顾虑：自己只是一个小保姆，做这样的事会不会让人嘲笑？她把心思怯怯地说给女主人，女主人非常平静，诚恳地对她说了一句令她没齿难忘的话：这个世界上，没有谁生来平庸。

在女主人的倾力支持下，她开始着手联系生产厂家，拿着自己产品的照片到各个楼盘去做推销，还热情地带领房地产公司的负责人来参观自己设计的家电模型。因为一套家电模型的成本不及实物成本的十分之一，且比实物看起来更美观耐用，她的产品备受客户的青睐，首批生产的几十套产品，很快就销售一空。

初次尝试就取得了成功，这给了她莫大的信心。之后，大到沙发、衣柜、书柜、电脑桌，小到厨具、餐具、摆设，她的模型公司都开始进行生产。有一段时间，产品竟然出现了供不应求的局面。不到一年的时间，她的公司就迅速发展起来，积聚起上百万的资产。

当年那个怯怯的农村小姑娘，而今成了一家大公司的老总。有人说，她运气实在好，做保姆时遇到了好的雇主。可见证了那段历程的人知道，她的今天，绝非全都仰仗运气的青睐，更多的是她自身的努力。当初，在售楼处看房的人拥挤不堪，打碎电视机时推卸责任的人不在少数，而后真正用心去思考这件事，并从中发现机会的人，却寥寥无几。

这个世界不是有权人的世界，也不是有钱人的世界，而是有心人的世界。

记得有本书叫作《世界再亏欠你，也要敢于拥抱幸福》，里面如是写道："无论世界如何对待你，你依然有一种选择。人始终有一种自由，就是应对不自由的自由。你认为世界亏欠了你，于是始终闷闷不乐，那么不仅世界亏欠了你，你也亏欠了自己，因为你放弃了选择的自由，任由生活的境遇来控制自己，最终这样的态度也不可能改变自己的境遇，抱怨、放弃甚至绝望只能让人坐以待毙。"

其实，许多看似得到命运恩宠的女人，也许一开始都不过是平平庸庸的一分子，只是她们不抱怨生活、不畏惧生活，而是每分每秒都在用心生活，留意那些转瞬即逝的机会。所以，别再说生活亏欠了你，当你足够用心、足够努力的时候，生命才有逆转的可能。

你对了，世界就对了

成熟，不是你懂得了多少大道理，而是理解了更多小矛盾；成熟，不是你结交了多少相投的人，而是接纳了更多不合的人；成熟，不是你可以从事伟大的事，而是可以专心卑微的事；成熟，不是你可以改变世界，而是可以改变自己；成熟，不是你发现自己多聪明，而是知道了自己多愚蠢。

——杜子建

有则寓言故事里讲道：一个国王统治着一个富足的国家。某天，他徒步到一个偏远的地方考察民情，返回宫殿的时候，他觉得脚疼痛万分，毕竟这是他第一次长途跋涉出远门，外加所行之路崎岖不平，沙石遍布。为此，国王下令，要把全国的道路统统铺上皮革。可想而知，要执行这一命令，得需要成千上万张牛皮，花费大量的资金。

一位谋士斗胆向国王建议："英明的国王陛下，您没有必要花那么多无谓的冤枉钱，您只需要割下一小块牛皮，包着您尊贵的龙足，就可以达到同样的效果。"国王惊讶不已，采纳了这个建议，为自己做了一双"牛皮鞋"。

托尔斯泰说："全世界的人都想改变别人，就是没人想改变自己。"

生活如一面镜子，你对着它笑，它也对着你笑；你对着它哭，它便对着你哭。要想改变生活，就必须先改变自己。你变了，世界就变了。

在乐坛，她是一个特别的存在，不骄不躁，不争宠，不浮华，用内心演绎真正的感情。无论外面是风和日丽，还是狂风骤雨，她都凭借着自己的执着和坚韧，迎着人生，一步一步安稳地走下去。

几乎所有人都会看到笼罩在她身上的光环，都会为她高贵优雅的举止迷住，都会为她低沉深厚的嗓音感动。可是，并非所有人都了解她那段令人叹息和欣慰的经历。她曾说，人生就像她脸上的那颗痣一样，有人认为它性感，有人认为它自然，这一切，就要看你用什么样的态度去对待。

这个女人，名叫蔡琴。

在接近 30 岁的时候，她迎来了人生的第一段感情。也许是初次经历感情，她陷得很深，付出得也很多。与导演杨德昌结婚后，她安心经营起了自己的家庭。十年之后，换来的却是丈夫的一句“十年感情，一片空白”。对此，她回应：“我不觉得是一片空白，我有全部的付出。”一个轻描淡写，一个情深义重，最在乎的人伤得最深，她被爱情狠狠地伤了一把。

一波未平一波又起，接踵而来的，是父亲离世的噩耗。对蔡琴来说，这无异于又是一枚重磅炸弹。可她知道，生活的真相已经如此，不会因自己的伤心和眼泪改变，而经受了磨难洗礼的她，也已不再是当初脆弱得不堪一击的小姑娘了。她的坚强，足够装得下这一切。

她不相信命运，不管上天给她的是一条什么样的路，她都会坚定地走下去，并且越走越好。她用自己的实际行动，向命运发起了战书，她那低吟浅诵的歌声，没有喧嚣，没有张扬，仿佛一位朋友在耳边呢喃，诉说着人生的种种，打动了无数人。她仿佛不是在唱歌，而是在传递一种叫作坚强的能量。最终，她胜利了，犹如涅槃的凤凰，在经历苦痛之后，坚强地蜕变，谱写了不一样的华美人生。

再来说说大洋彼岸另一个女人的故事。

甜美的外形，火辣的身材，让小甜甜布兰妮·斯皮尔斯一度受人追捧。谁也没想到，2006年，当一度以青春玉女著称的她，竟然以一副年轻“大妈”的形象出现在众人面前。当时，她只有24岁，身材臃肿不堪，俨然变了一个人。

这一切，都只因为婚变。

也许是伤透了心，布兰妮一蹶不振，她无时无刻不在抱怨生活，几乎忘了曾经的自己是什么模样，也忘了怨妇般的自己已经惹得人见人躲。身材走样了，不管不顾；亲生儿子，置之不理；任何对她表示有好感的男人，她都与之纠缠不清。如此堕落不堪，让媒体和粉丝大跌眼镜，极度失望。

终于有一天，她清醒了：继续沉沦下去，只会让人生变得更糟。她闭上了不停抱怨的嘴，不再随意倾吐那些不耐烦的言辞，开始着手自己新的MV，彻底激发体内的正能量，找回从前的自己，甚至比从前还要好的自己。

当她迈出改变自我的那一步时，奇怪的是，人们的争议声也消失了。这个世界，随着她戒掉的抱怨声变得安静了、宽容了。

这个世界，永远无法尽如人意，有时甚至会让我们失望。然而，我们始终要记得："不开心，不是生活出了问题，而是生活方式出了问题。"最后，谨以英国一位主教的墓志铭与世间所有正处于忧虑和困惑中的女子共享——

"少年时，意气风发，踌躇满志，当时曾梦想改变世界。但当我年事渐长，阅历增多，发现自己无力改变世界。于是，我缩小了范围，决定先改变我的国家，可这个目标还是太大了。接着我步入了中年，无奈之余，我将试图改变的对象锁定在最亲密的家人身上。但天不遂人愿，他们个个还是维持原样。当我垂垂老矣之时，终于顿悟：我应该先改变自己，用以身作则的方式影响家人。若我能先当家人的榜样，也许下一步就能改善我的国家，再以后，我甚至可能改造整个世界。"

卸下那身沉重的盔甲

冬天过后总有春天，就像天黑了总有天亮的时候。但冬天还会来，天还会黑。所以天黑了就学会睡觉，冬天了就学会加衣，下雨了就学会撑伞，心累了就学会休息。

——卢思浩Kevin

曾看过一部电影，至今印象颇为深刻：

女主角兰妮是西雅图的一名新闻主播，为了争取到全美知名栏目《早安美国》“新面孔”机会，每天不知疲倦地工作，尽所有可能抓住一切采访机会，以增加在电视上的曝光率，给栏目制作人留下深刻印象。

这一天，在采访街头预言家杰克的末尾，兰妮忍不住向对方问起关于自己的运势：“那么依您看，我是否能够得到这份梦寐以求的主持工作？”

“不，我想不会的；而且更不幸的是，一周后您将会因为意外而死亡。”

惊慌失措！兰妮一身冷汗后，起初对此并不相信。但当她了解到杰克关于天气和棒球队比分的预测全部命中时，她开始感到紧张。好在，随即走进医院的她在进行了全面检查后，并未有任何异常的结果。

可是这时的兰妮已经不再能那么沉稳了。为了证明，她再一次找到杰克，并从杰克口中得知有地区将会发生地震。没想到第二天早晨，兰妮从新闻头条中真的得到了该地区地震的消息。她沮丧至极——杰克的预言是真的……

只剩一周的时间了,我该怎么度过？兰妮开始重新审视自己的生活。她决定卸下所有伪装，好好度过余下的时间：她与对自己漠不关心的男友卡尔分了手——即使他是棒球队明星，实际上，兰妮与自己的搭档摄影师彼得一直互有好感，只因兰妮已经订婚，双方都把这份感情深埋心底；在一次采访罢工出租车司机时，兰妮一改往日“官方发言人”的风格，与出租车司机站到一条战线上并高唱励志歌曲，成为人们的焦点。因为兴奋和劳累过度，兰妮昏了过去，醒来后看到的第一个人是彼得，彼得决定陪兰妮走完最后的路。他将自己的儿子介绍给兰妮认识，三个人度过了愉快而难忘的一天。

在跟父亲和姐姐做了简单告别后，兰妮准备等待预言的降临。但出乎兰妮预料的是，她等来了一个消息：她对出租车司机的疯狂采访被《早安美国》的高层看到，兰妮被录取了！可，杰克的预言呢？她似乎看到新的生活正在等待自己。

在“一周”只剩下最后两天时，兰妮被《早安美国》节目组安排去采访一位知名女强人。虽然事先也写了采访提纲，但兰妮在真正面对被访人时却没有带稿，而只是进行了人与人之间最真诚的沟通，对方竟然在节目中落了泪。这一场面出乎所有人的预料，兰妮的节目创下了收视率的新高。然而当节目播出的第二天，被访者却提出要兰妮离开电视台。

恍惚中，兰妮从电视台走出。此刻她只想回家，卸下所有的“装甲”，安心踏实地度过最后的时光。突然一声枪响，兰妮倒地：马路上几名警察正试图制伏一名歹徒，歹徒手枪走火……

经过一番紧张的抢救，兰妮终于苏醒过来，看到的第一个人还是彼得——他们终于走到了一起，轻松愉快地生活。兰妮知道自己的一部分已经死去，重生的她将不带任何伪装和盔甲地生活下去。

很多时候，我们以为对自己的期望越高，对美好事物追求得越极致，人生就越成功。事实上，是我们把人生的选择看得太过单一了，要么成功荣耀加身，要么失败落寞离场。每时每刻都有制订好计划，上班时像一台永动机，下班后还为了充电而奔赴第二战场，连休息日也不放过。

想想看，你有多长时间没有动手为自己做过一顿饭，没有读过一本喜欢的小说，忙得没空与亲人聊天？这种忙碌和疲惫，是不是经常让你感觉情绪烦躁，可你就是不肯承认自己累了，不肯停下来休息，总觉得一切还不够完满，总觉得还没有过上自己想要的生活？可是，有没有人告诉你：当你正在为生活疲于奔命的时候，生活已经离你而去？

席慕蓉对生命有过这样一段描述：“每一朵花，只能开一次，只能享受一个季节热烈的或者温柔的生命；我们又何尝不一样？我们只能来一次，只能有一个名字；而你，你要怎样地过你这一生呢？你要怎样地来写你这个名字呢？”这个问题，值得每个女人深思。

当你能够把内在世界调整得很好的时候，外在世界也就会自然而然变得顺利。为了此时种种所戴上的盔甲所承担的负累，到不了彼时，就都如尘烟一样化为浮云，何其渺也！诚实地面对自己、面对世界，才会清醒地认识到该去做什么、怎样去做，日子才会变得愈发丰盈。

别再苦苦苛求自己了，非要到了崩溃的边缘，才肯冲着自己的内心说一句“我累了，再也跑不动了”。如果累了，现在停下来歇歇，不是只有快节奏才能释放生命的能量，品茶赏月又何尝不是对生命的一种呵护，对美好生活的一种体验呢？

世间万物，无不美好

所有的美好都藏在了不经意间，在你以为自己的生命枯燥乏味、生活一潭死水、毫无波澜泛起的时候，其实，是因为你没能从自己的生活中看到真相。

——《人生只有一次，去做自己喜欢的事》

上天给予每个人的都不会太多，这一点是亘古不变的。一份纯净的底色，一双领略世界的双眸，而后，任凭女人自己去勾勒风景。如果心灵很美，看到的世界一切都是美的；如果情感深厚，会觉得世间万物都是深刻的。正所谓：心美一切美，情深万象皆深。

每一个初见她的人，都会不自觉地为她倾倒，倒不是因为容装的华美，而是那一份优雅与恬淡的神态。不得不承认，这世间就是有一种女人，宛若兰花，素雅平凡，不争艳夺娇，不取媚于人，淡然清幽。她的气质，便是如此。曾有人坦言，说很欣赏她那份淡然，并好奇她是如何做到的。对此，她毫不隐晦，微笑着讲述自己早年的经历。

“年幼的时候，家里很穷，几乎每个春节，我都是在哭闹中度过的。我不能理解，为什么别的孩子可以穿着漂亮的新衣服、吃着糖果，我却连一件像样的衣服都没有。当时的我只是一个孩子，想不到在煤矿工作的父亲每天承受着多大的压力，我所能想到的，不过是春节是个特别的日子，小孩子就该得到好吃的、好玩的，何况我一直都是个听话的、用功读书的好孩子。

"记得连续三年的春节，我都想要一双新袜子，可直到我长到十几岁，完全明白了生活的困难时，我也没能如愿。母亲曾经开玩笑地说，春节没有那么多礼物，是因为那些好东西都从袜子的洞里漏掉了。我觉得母亲的比喻尤为恰当。何止是袜子上有洞，生活上也有洞。我想要的，我渴望的，我追求的，总是从这个洞里漏掉。藏在我心里、荡起涟漪的小小的期盼，不断地变成泡影，幻灭了希望。曾有那么一段光景，我对生活很悲观、很无望。

"可当思想慢慢成熟之后，我一下子豁然开朗了，人生也变得不一样。我想，袜子上的小洞并不是什么大问题，我只是太关心那些漏掉的小东西，我所有的悲观、痛苦、沮丧全是源于此。小东西掉了、错过了，可是许多大东西还在，它无法从袜子的小洞里溜走，比如家人、朋友、工作、日出、日落、欢声、笑语……它们都是'大东西'，值得感恩和珍惜美好。那时的我，生活依然艰难困苦，可我学会了乐观，学会了淡然，我告诉自己：那些最美好的礼物，是无法被包裹的，也是无法装在袜子里的。"

世间万物，没有一样是不美好的，只是，这份美需要用心才能看到。如果你愿意，破洞的袜子同样能够打捞到幸福。在这纷扰的俗世中，能用一颗淡定的心平视周围的一切，也是一种境界。有什么样的心，就有什么样的日子。

云门曾问僧徒：“我不问你们十五月圆以前如何，我只问十五日以后如何？”僧徒答曰：“不知。”云门道：“日日是好日。”的确，春有百花秋有月，夏有凉风冬有雪。若无闲事挂心头，便是人间好时节。心，就是日子，能够做到“日日是好心”，必然天天是“好日”。

太多女人向往天堂般的生活，也在拼命地追求着天堂般的处境，只可惜，很少有人注重培养一颗天堂般的自心。踏进住所，处处装修得极尽奢华，可内心并不如宫殿那般敞亮，豪华的住所也改变不了痛苦的现状。什么是天堂？那就是自己的心。不管身在何处，只要心似天堂般美好、纯净、安然，外境就是天堂。

有一首古诗写道：“但愿此心春长在，须知世上苦人多。”现实中，许多女人感到自己活得太苦、活得没有乐趣，事实上，日子如何，完全在人的身上、人的思想里。一个女人心中无“春”，少了一份安然若素、一心向暖的情思，自然是不容易快乐的。

别问去哪儿寻得宁静快乐，只要你愿意，只要你有心，随时都可以发现感动你的美景。春天发芽的柳枝，披上绿装的大地，水光潋滟的湖面，草长莺飞的情景，尽可让心灵享受美的熏陶；夏日万物傲然于骄阳下，那是生命最绚丽的姿态，就算是阴雨，也可以感受一番“山色空濛雨亦奇”的独特味道；一年好景君须记，最是橙黄橘绿时，秋季的空气中尽是果味的芳香，收获的季节总能给人无尽的欣慰；冬季的白雪皑皑，净化了世界，也净化了心，享受纯白的静美；再看那白杨在凛冽风中沉着坚持的样子，更是给人以希望和力量。

没有不美好的事物，只有不美好的心。活在这个充满变数的世界里，女人要学会用淡定的心态面对所有。人生是愉快的，世界上之所以有那么多人感觉不到愉快，是因为他们自己的愚昧和怯懦，是因为他们没有用心去对待生活，你要相信，只要尽你所能，用心去体会、去表现，你可以快乐度过每一天。

Chapter3

稳稳地幸福，不为情绪所困

不要在深夜里买醉

你以为只要受了委屈就会有人关心，以为即便不联系对方对方也会主动联系你，以为自己有了成绩别人就一定为你开心，你把自己看得很重要，但不代表在别人心里你也同样重要。他人今天给你的同情、劝慰和鼓励，明天就会被自己的忙碌生活取代。少一些指望别人的空欢喜，生活始终需要依赖自己。

——张皓宸

黑夜，或许可以掩盖这个浮华世界的一切不纯粹，却永远掩盖不了内心的伤痛。

依琳在微博里写道："如果有一天，黑夜不再来临，我宁愿挖空我的双眼，不再面对这个虚伪的世界。"浏览的人颇多，转载的人亦不少，唯独没有人来评论。也许，谁也想象不出，一个女子究竟经历了什么，承受了什么，才会写下这样一句血淋淋的话。

白天，依琳置身于人群，风风火火，干练坚强。她是那样的耀眼，身为一家大公司的中层，衣着光鲜，职位体面，薪资不菲。那些初入职场的年轻女孩，来公司的第一天，目光就紧盯着依琳，有羡慕，有嫉妒，有欣赏，有望尘莫及。依琳在工作上的确雷厉风行，做事的麻利劲儿和稳当踏实使她深得老板赏识。任何重要的事，一旦交付到她手上，不管多棘手，她最终都能漂亮地解决。

然而，在那座浮华的城市里，每个人来去匆匆，没有谁会真的在意他人的表情和心情。别人记住的永远是依琳外表上的坚强和洒脱，可真正走进她的生活、看穿她心思的人，寥寥无几。这些年，唯有她自己清楚，一直以来她都在用不羁的性格掩盖内心的脆弱，在用脸上的微笑掩盖内心的无助；她是个害怕失去的人，怕失去这份来之不易的工作，怕失去别人对自己的崇拜与尊重，再难的事、再苦的水，她都强迫自己咽到肚子里，在时间的搅拌下，慢慢消化，而后装作什么都没有发生。

也许，是戴久了假面的缘故，她更喜欢黑夜。唯有在黑夜将她笼罩的时候，她才会脱去疲惫的外衣。可惜，黑夜无法抹去她内心的悲伤，反而会令她觉得自己更委屈、更难以承受。为了逃避这种痛苦，她常常到酒吧里买醉。

几乎每个礼拜，她都有两三个夜晚会出现在街头那家酒吧，直到凌晨两三点才离开。当然，她来酒吧只是喝酒，从不与他人有过多的接触。偶尔，她会去唱歌，享受着台下的人对她的称赞与大呼小叫；若有人邀她去跳舞，高兴了她就欣然接受，不高兴就当没听见。

直到那天，她出乎意料地“失态”了。一切，只因那个越洋电话。

她在公司加班到晚上 9 点，已是身心俱疲。电话铃声响起，她看了一眼屏幕，心里原是一阵安慰，可才接通，她欢喜的心就跌倒了谷底。远在异国他乡的男友，决定终结他们三年的感情。晴天霹雳，一切来得太突然了，依琳毫无防备。

她带着一颗几乎溃烂的心，走进了那家熟悉的酒吧。恰好，酒吧里的一位常客望见了她，主动和她攀谈，她不回应。其实，依琳认得他，平时经常见他跟服务生调侃，只是并不暧昧。他在她旁边坐了下来，什么也不说，陪着她喝酒。在她的头几乎抬不起来、快要倒下的时候，他一把抱住了她，带她出了酒吧。

依琳醒来后，发现自己躺在一个陌生人的床上。她心里一阵慌张，之后眼前出现了一张熟悉而陌生的脸，他问："睡得怎么样？"她红着脸，问："昨晚你睡在哪里？"他指了指门外的客厅，她这才放心。

餐厅的桌子上，已经摆好了早餐，依琳轻轻地说了一声："谢谢。"他坐下来吃早餐，对她说："不管有多大委屈，遇到多难的事，也别留在夜晚去消融。夜太黑，容易迷路。"

那天以后，依琳再没有去过酒吧，更没有再见过他。但他说的那句话，却深深烙在了依琳心里，让她明白：一个女人要学会用合理的方式调节自己的情绪，而不是在深夜买醉麻痹自己，那只会让伤口糜烂，让自己从一种痛苦陷入另一种痛苦之中。

工作上，她尽力而为，不再处处逞强，逼迫自己；生活上，遇到烦心的事，约个朋友去 K 歌，倾诉衷肠；实在不想说话的时候，就跑到游泳池游上几个来回，或是在跑步机上挥汗如雨，让运动的快感带走内心的烦闷。

当深夜来临，她会安静地窝在家里，享受静谧。忍不住胡思乱想的时候，就放上几首安静的曲子，强迫自己专注在音乐中；或者，让自己看一部温情的影片。渐渐地，黑夜对她来说，不再像过去那样，只是用来释放伤痛的平台，而是真的成了放松身心的时刻。

依琳恍悟：白天的辛苦不言而喻，再用黑夜来咀嚼痛苦，不过是在伤口上撒盐。人生路上，有许多痛苦都是必经的过程，谁也无法逃避，唯一能做的，就是自己调节。到外界寻找刺激与快乐，只是一时的发泄；来自内心的平和与安详，才能让自己变得勇敢无畏。

当黑夜来临，别躲在角落里哭泣了，你的眼睛会红肿，你的脸色会难看，你的心情会更加凄凉。今后的日子还长，照顾好自己的心，在黑夜里给自己点燃一盏烛光，静下心来抚平带刺的情绪，享受一杯温热的牛奶，聆听一曲安静的小调。不管发生了什么事，都要记得给自己留一场无梦的睡眠。当你睁开眼，又是新的一天！

有些压力是自己给的

有些束缚，是自找的；有些压力，是自给的；有些痛苦，是我们自愿的。没有如影相随的不幸，只有死不放手的执着。不要把目光盯在别处，只有坚持做好自己，才能看到下一秒的路。不要把某些人和事看得太重，陪伴你到终点的，只会是你与你的影子！相信自己，我们能作茧自缚，我们就能破茧成蝶！

——加措活佛

忘了从什么时候开始，卓一冉觉得，生活已经不属于自己了。

她入职的时候，恰好公司刚刚起步，一切都是摸索着来。可以说，这三年来，她和公司是同步成长的。从一开始的懵懵懂懂，到后来的驾轻就熟，再到现在的中流砥柱，里里外外的事务都少不了她。当然，这一切也跟卓一冉的性格有关。她是个要强的姑娘，凡事不愿轻易认输，还略带一点完美主义的情结。

每天她都是最早到公司，午饭从来没有一个准点，晚上更不知道加班到何时，还要经常在全国各地跑客户，一天飞两个地方也是家常便饭。每天从睁开眼的那一刻起，就有一大堆的事情等着她来处理。节假日休息时，她也习惯了把时间用在工作上，如果某个周末她睡了懒觉，没有做一点儿跟工作有关的事，心里还有种罪恶感。

朋友嘲笑她，说她准是得了“压力上瘾症”。

坦白说，卓一冉从来没想过自己心理上有什么问题，可朋友半开玩笑的这句话，真的让她听进了心里。她在网上搜索与之相关的内容时，看到了这么一段话——

“压力让人上瘾，还因为有压力时可以发发牢骚。这种感觉相当好，人们渴望‘被需要’的感觉，女性尤其如此。自己做得越多，就越成功、越有价值。为了让自己的存在更加重要，‘压力上瘾’族总是把日程填得满满的，并乐此不疲地筹划着下一个行动计划。如果放松下来，反而会有一种罪恶感。即使找不到压力的理由，他们也会没事找事，把小事夸大，使之升级到‘高度紧张’的状态，给自己制造压力，否则就会觉得心里空落落的。”

字字句句，精准无误地道出了她的现状。她想不出，自己的生活里除了工作还剩下什么。没有聚会，没有娱乐，没空看书，没空旅行，没空睡觉，没空陪家人，没空照顾自己的身心。机械的生活就像一个陀螺，停不下来。银行卡里的数字在增加，奖金提成在增加，可有谁知道，她是多么羡慕街头那些年轻的女孩，把自己打扮得漂漂亮亮，去约会、去度假、去玩乐。她也想活成那样，可是总有种莫名的压力牵制着她，使她动弹不得。

一个仲夏之夜，卓一冉难得跟朋友叙旧。食不知味地吃了一顿晚餐后，她们到河边散步，走得累了，就在河边的椅子上休息。卓一冉索性躺在椅子上，望着星空，对朋友说：“我真希望，时间就此停止，明天不再来临。现在的日子，太烦，太累，真有点扛不住了！”

“扛不住就放下吧，纠结什么呢？这又不是什么大不了的事。”朋友不以为然。

“我也想，可总是放不下，好像一放下，天就塌了。”卓一冉说的是实话，她试过几次，却总是刚刚开始就退缩了。

“听我的，下个月跟我一起去泰国玩几天，提前跟老板请假，别想那么多。”朋友是个乐天派，习惯了我行我素的生活，她觉得，卓一冉是时候暂别现在的生活状态了。

“那……我试试吧！”卓一冉的回答不那么肯定，她心里还在犹豫，还在想很多事情该怎么交接安排，这是她一贯的行事作风。

她忐忑不安、略带愧疚地跟老板提出请假，说自己身体不太舒服，下个月想请假 10 天调整一下。本以为老板会不乐意，没想到，老板答应得挺痛快，还带着些许理解的口吻说：“行，你是该好好歇歇了。”

出发的日子如约而至。临行前，卓一冉准备了大包小包各种东西，甚至还想带着电脑。朋友无奈地摇摇头，说：“小姐，你是去度假，不是出差。”最后，她就只带了一个包，与朋友轻装出行了。

沿途，但凡她一提及和工作有关的事，或是思绪被拉回到紧张、焦虑的状态中，朋友就会提醒她：“什么都别想，你是来度假的，享受此时此地此身。”在朋友的引领下，卓一冉终于放开一回，从焦头烂额的忙碌中抽身而出，感受风景，享受美食，把一切压力都抛在了脑后。度假的那几个夜晚，虽在异国他乡，她却睡得格外安稳、香甜，久违的轻松感，让她慢慢地拾回了生活的快乐。

假期结束，再次回到公司时，她惊奇地发现：之前自己所担忧的事，一件也没发生。她不在职的日子，各项事宜依然井井有条，同事也一如当初。过去那些巨大的精神压力，许多都是自己强加于心的，感觉扛不住的时候，放一放，其实也无妨。说得俗气一点，地球离了谁都照样转。

有了这样一次体验，卓一冉的心理包袱顿时变小了。在工作上，她依然风风火火、干脆利落，可她不再把各种无形的枷锁套在心上，强迫自己像上了发条的闹钟，一刻不停地高速运转。她知道，真正美好的生活，是有着前进的动力，也有时间去欣赏旅途中的风光，扮靓自己的容颜，让生命形成丰富的七色板，而不是单纯的黑与白。

生活本不累，累的是人心。你以为自己足够顽强、足够有力，习惯把所有问题都自己扛；你以为今天走得快一点，明天就能离生活近一点，却忘了在你追赶着生活的时候，生活已经面目全非。当你觉得内心不堪重负时，就该学会“卸载”，把那些不需要的东西放下。只有放下不需要的，才有精力珍惜最想呵护的东西，才能够除却繁杂，让生活简单自然。

除了生死，其他都是小事

心情不好就少听悲伤的歌，饿了就自己找吃的，怕黑就开灯，想要的就自己赚钱买，即使生活给了你百般阻挠，也没必要用矫情放大自己的不容易，现实这么残酷，拿什么装无辜。改变不了的事就别太在意，留不住的人就试着学会放弃，受了伤的心就尽力自愈，除了生死，都是小事，别为难自己。

——张皓宸

若不是那一纸诊断书，苏孅还从来不知道，生命是那样脆弱。

坐在医院的走廊里，看着陌生人来来回回地移动，她的眼泪止不住地在眼眶里打转。诊断书上写着“子宫肌瘤”，这几个字完全把她吓蒙了，她甚至想到自己跟癌症沾了边。就在这时，丈夫打来电话询问，本还能忍住情绪的她，在接通电话的瞬间，痛哭起来。丈夫安慰她别紧张，说自己很快就到。

瘫坐在椅子上的苏孅，满脑子都是后悔，后悔自己的脾气太坏，嫌丈夫赚钱少，嫌婆婆啰嗦，嫌孩子不争气，每天不停地唠叨，好像全世界都亏欠了自己，不知道自己的委屈。即便如此，丈夫还是笑脸相迎，不温不火；婆婆也不计较她脾气差，帮她带大了孩子不说，家务活也很少让她做……自己呢？爱慕虚荣，嫉妒心强，时常把坏情绪带回家，折磨最亲的人。现在想来，不免觉得很傻，如若真的走到了生命的尽头，那些身外之物都将不复存在。

所幸，她的病情没那么糟糕，只是良性的肿瘤。但在住院的那段日子，她对生活、对生命又有了更为深刻的体悟。

看起来偌大的住院楼，里面人满为患，偶尔楼道里还要加床。一问，许多人得的都是令人闻之胆战的“癌”。有些人承受不了，情绪失控；有些人是医院的“常客”，已经习惯，说起病情来毫不忌讳。

她住的是三人间病房，每个人都有一段特别的故事。

左床的女病人，年纪和她差不多，模样清瘦，性格温和，说话慢条斯理的，给人感觉很亲切。她去年查出乳腺癌，这已经是第二次住院了，一直做化疗，下次再住院就得动手术了。说这些话的时候，她非常平静，就像是在讲述别人的事情那样，丝毫没有恐惧感和沮丧感。

生病前的她，一直争强好胜，什么事都不肯低头认输。研究生毕业后，她顺利地进入一家机关单位，去年年初，升职成副处级干部，可谓是春风得意。原本一切都很顺当，却没想到年底体检时查出了这个病。得病之后，她不得不在家休养，远离了世事纷争，心态倒也平和了许多，逢人就说：“争来争去的，有什么意思呢？没了命，什么都是白搭。若不是得这个病，我还想不明白呢！现在，很多事我也无力操心了，也不着急了，随他去吧！”

右床的病友，五十多岁，曾在一家外企做统计。年纪算不上大，可头发全都白了。三年前，她被确诊为宫颈癌，那时候，护士们都说，她看起来不过四十多岁，可这几年被病魔给折腾的，一下子老了十岁。

她总说，自己的病是急出来的。前两年，房价猛涨，她家的房子正好赶上拆迁。这套房子原是母亲留给她的，但因为补偿款有一大笔钱，兄弟姐妹们也都来凑热门，想分一杯羹。吵架，生气，打官司，家里闹得鸡犬不宁。最后，好不容易得到了一个公正的处理，却没想到自己得了癌症。

而今，房子已经拿到了钥匙，也都装修好了，可她是一肚子苦水，她总跟丈夫念叨："以前我爱着急、爱生气，想要什么东西就恨不得天天想着。大半辈子，就像是一路跑着过来的，路上有什么根本不知道。现在病了，真倒能好好歇歇了。"

苏孍望着病友，心里说不出的难过。平日里，或许谁也不会轻易想到生死的问题，总觉得生命还长，还有很多东西必须要得到、要拥有。想发脾气的时候，根本不顾及周围人的感受，也不会想到着急生气是在变相地折磨自己，只顾着一时痛快。直到有一天，突然从自己或别人身上看到，生命根本经不起这样那样的折腾，才恍悟什么是人生中最重要的东西。

好在，上天眷顾她，用这一场病唤醒了她那颗沉睡的心。病愈后的她，性情变了许多。家里再没有那个唠叨、愤怒的脸庞了，而是多了一个温和大度的女主人。她领悟，世间的每一种相遇都是美丽的，尤其是家人，在一起不是为了生气，而是为了理解、互助和关爱。

记得有一段话是这样说的：“我们都要好好活着，因为我们将会死很久很久。如果你从来没有经历过残酷的战争、被囚禁的孤寂，以及忍饥挨饿、受尽痛苦和折磨的日子，那么你已经比世界上 5 亿人都幸运了。”

是啊，活着就是最大的幸运。在生命面前，名利财富、房子车子、事业荣誉，都显得微不足道。每天怨气横生、心情抑郁、情绪失控，就算穿戴再奢华、住所再宽敞，又有什么意义呢？活着，为的是舒心，不是斗气。

无论挣多挣少，都坦然地接受，活得朴素自然，活得坦坦荡荡，就能避免失落的痛苦。只要一生都在稳稳地努力，就算创造不出什么辉煌，也可以感受到生活的真实和追求的快乐，正所谓“得鱼固可喜，无鱼亦欣然”。

人生载不动太多的烦恼忧愁，穷也好，富也好，得也好，失也好，都是青烟一缕，人活得终究只是一种心情。别再急急躁躁，动辄就生气了，当坏情绪涌上心头的时候，别忘了提醒自己：我不是为了生气而活着的，这世间除了生与死，其他的都是小事。

不做情绪的女仆

最折磨人的通常不是那些值得说出口的苦难，而是那些琐碎细小，似乎微不足道，又切切实实让你痛苦的小情绪。

——微酸袅袅

正午时分，骆驼在沙漠里跋涉，太阳像一个巨大的火球，晒得它又渴又饿。焦躁万分的骆驼心里有一股莫名之火，不知该往哪儿发泄。

就在这时，一块玻璃瓶的碎片硌了骆驼的脚掌，气急败坏之下，骆驼抬起脚狠狠地将碎片踢了出去，却不小心把脚掌划开了一道深深的口子，鲜红的血液顿时染红了沙粒。

骆驼心里很恼火，一瘸一拐地走着，沿路的血迹引来了空中的秃鹫，它们在骆驼上方的天空盘旋着。骆驼心里一惊，不顾伤势开始狂奔，在沙漠上留下一条长长的血迹。跑到沙漠边缘时，浓烈的血腥味引来了附近的狼，精疲力竭外加流血过多，骆驼显得很无助，完全像一只无头苍蝇那样，东奔西突，仓皇中跑到了一处食人蚁的巢穴附近。很快，食人蚁闻到了血腥味儿，倾巢而出，黑压压地向骆驼扑了过来。

仿佛就在一瞬之间，骆驼就像被一块黑色的毯子包裹了一样。很快，骆驼就鲜血淋漓地倒在地上。奄奄一息时，它追悔莫及地哀叹："我为什么要跟一块小小的碎玻璃生气呢？"

这则故事，源自网络上的一则漫画——骆驼之死的启示。

看过后，也许你会发现，它不只是一个故事，反倒更像现实中某些片段的缩影。生活的路，就如同那广阔无垠的沙漠，会有难以忍受的日晒，会有偶尔绊脚的碎玻璃，绝非一番坦途。敏感脆弱的女人，在遇到不愉快的事时，习惯性地情绪爆发，只顾着眼前的发泄，却未曾想过歇斯底里会把自己推向怎样的深渊。

死撑到月底，终于挨到了发工资的日子。只是，L内心的喜悦还未完全释放，就被工资单给浇熄了。她思前想后也没明白，为何工资会少了100块钱。鉴于自己是公司的老员工，35岁的年纪在那摆着，她实在不好意思为了这点钱去质问老板。

自认倒霉吧，可心里实在不痛快。L虽未直接把事情说出来，阴暗的脸色却告诉了所有人，她今天很不爽，随时都有可能"火山爆发"。下班时间一到，L就迫不及待地往外走，恨不得一分钟也不在办公室多待。也许是走得太急了，她刚一出门，就跟老板撞了个满怀，局面有多尴尬，可想而知。老板撇了撇嘴说："这么大的人了，怎么还毛毛躁躁的？"跟老板道了歉，她失魂落魄地上了电梯。

骑车回家的路上，她还在想刚刚的一幕，又是愤怒，又是担忧。愤怒的是，自己兢兢业业，恪守本职，老板竟然扣了她100块钱；担忧的是，刚刚自己如此鲁莽，老板会不会看出了自己的心思，今后给自己找

“麻烦”？

下班路上车水马龙，路人也是行色匆匆。L正走神呢，只听见“哎呀”一声，电动车前面摔倒了一个人，她自己也栽倒在路边。忍着疼痛爬起来，她才意识到自己撞了人，幸好对方是个讲道理的人，没有胡搅蛮缠，身体也无大碍。看着对方被刮破的衣服，L只得从钱包里掏出200块钱，作为一点赔偿。

好不容易到了家，L已是筋疲力尽，身心俱疲。往日的她欢快得像只鹦鹉，见她今天这般失魂落魄，丈夫也猜出了大概，问：“怎么了？像丢了魂儿一样？”L正愁一肚子火没处发，见丈夫嬉皮笑脸的样子，内心的小火山腾空而起：“你别招我，我今天倒霉透了，心里不舒服！”

“你不是经常心里不舒服吗？又不是头一回了！”丈夫根本不以为意，直到看见她衣服上的脏迹，才紧张起来，问：“你摔着了？有没有摔坏？让我看看。”也许是心里太委屈了，听到这么关切的话，L忍不住掉了眼泪，把今天发生的事一股脑儿全说了出来。

丈夫一边递来纸巾，一边安慰：“想开点儿，你没受伤就是最大的万幸了。以前也提醒过你，别动不动就闹情绪，有些事根本不值得去生气，更不值得一直耿耿于怀。想想看，那100块钱算什么呢？也许是算错账了，没把你的加班费计入……就算真的是扣了你的工资，那也没什么大不了，何至于为了这点钱苦思冥想，在大街上走神，连命都不要了？今天还算幸运，要不然不管是把人家撞坏了，还是把你摔坏了，都是大事，远比那100块钱重要得多。”

L一声不吭，听丈夫说着，觉得自己是有点小题大做了。晚上，登录社保网查询东西时，她突然想起来：今年的社保基数调整了，从这个月开始，从工资里扣除的100块钱，实则是自己缴纳社保了。更惭愧的是，老板把余下的零头也从公司账户里垫了，她却以小人之心度君子之腹。

想到这儿，她惊出一身冷汗：如果今天自己没控制住情绪，跑去质问老板，那情景该有多尴尬啊？工作能否继续做下去暂且不说，就单单在个人修养与素质上，就会遭人鄙夷。这件事也给她提了一个醒，不管什么时候，都要收敛自己的小情绪。看似不起眼的“爆发”，有时引来的就是一场灾难，而这样的灾难其实完全是可以避免的。

美国作家罗伯·怀特说过：“任何时候，一个人都不应该做自己情绪的奴隶，不应该使一切行动都受制于自己的情绪，而应该反过来控制情绪。无论境况多么糟糕，你应该努力去支配你的情绪，把自己从黑暗中拯救出来。”

强大对于女人而言，不一定是要有多么轰轰烈烈的举动，有时看似不起眼却要长期坚持下来的事，才是最考验意志力的。随意地跟着情绪走，乱发脾气，那是人的本能，而能够巧妙地控制脾气，时刻彰显出内涵与修养，才是本事。所以，千万别让小情绪搅乱了整个人生。

愤怒时不去作抉择

有两件事，一定是亏本的买卖：一是发脾气，哪怕你再有理，也难免会得罪人，失去机会；另外一种是冲动下做承诺，脑子一热，就给自己找了不少出力不讨好的麻烦。所以，在有情绪的前提下管住嘴，是每个人必然要做的修炼。

——马丁

20年前，经人介绍，她认识了现在的丈夫。那个年代的年轻人，眼睛里的爱情和婚姻都是单纯的，没有太多附加的条件，也就是见了三四次面，彼此都觉得还算满意，就直接谈婚论嫁了。整个过程，没有一见钟情，没有玫瑰鲜花，没有心潮涌动，一切都很自然，之后就平平淡淡地组建了一个小家。

刚结婚那会儿，丈夫没有正式的工作，家境也很一般。好在，他是个上进肯学的人，在外与人相处也是八面玲珑，婚后一年他就跟朋友去了外地。起初是在建筑工地做小工，渐渐地开始自己承包活，做包工头，后来生意多了，他就开了一家建筑公司。事业发展得极好，他也忙得顾不上回家，后来干脆就把她和孩子接到外地，买了一套房子，安了家。

为了做生意，他应酬的时间越来越多，经常出入歌厅、洗浴中心、酒吧，过去从来不碰酒的他，现在总是喝得酩酊大醉。作为枕边人，她自然也意识到了丈夫的变化，心平气和地跟他谈了一次，他说自己不过是逢场作戏，为了生意，为了一家人的生计，不得不陪着客户。许多事，不是出于本意，真的只是照顾客户的需求。她不是固执死板的女人，也知道丈夫每次都是因为陪客户才会喝醉，也就没再多说什么。

俗话说："常在河边走，哪有不湿鞋？"次数多了，他开始慢慢变得享受起来。从前，他一文不名，如今却可以在赌场里轻松地拿出几万块钱做筹码，一掷千金的豪气，惹来同性的唏嘘和年轻女孩的崇拜，她们会嗲声嗲气地叫他一声"哥"。从灯红酒绿的花花世界里走出来，回到平凡的生活中，再见到平凡的她，他有些厌倦了。于是，他开始夜不归宿。

对丈夫的行为，她心里压抑着愤怒和难过，可除了吵闹几句之外，也没什么更好的办法。原来，她在家乡的厂里上班，可搬家到这里之后，她已经做了近 10 年的全职太太，完全与社会脱节的她，平生第一次体会到了别人说的，独立是女人的灵魂。如今的她，不知离开丈夫后该如何生存，也没有了年轻时的勇气，无奈之下，只好忍气吞声。

丈夫在外面拈花惹草，却没有一个固定的女人，也没有对她提出什么要求。外面的世界再精彩，他心里还是惦念着这个家。对她而言，这也许是最后的一点安慰了。她希望，她的忍让和包容可以让他迷途知返，却不料，换来的是他的变本加厉。

丈夫在外面结识了一个二十出头的年轻女孩，还给这个女孩在闹市区开了一家小店。她以为，这一次丈夫也不过是逢场作戏，累了倦了就会回家，回到她和孩子身边。事实证明，她想错了。

那天晚上，她正在客厅里看电视，丈夫沉默了片刻，突然说道："咱们离婚吧。"他表情严肃，并非像是玩笑话。她愣了一下，脑子里闪出的第一个念头是：这么大年纪了，离婚？难道他想把那个女孩子娶进家门？她心里有个强烈的声音在抗议，她不想离婚。

果然，丈夫坦白告诉她，他就是爱上了那个年轻女孩，想跟女孩结婚。

她问："你有多爱她？"他说："很爱，和她在一起，我感觉整个人的状态都变了。"

她没有再问，也没有歇斯底里地闹。她知道，这个时候，说得越多，便会将自己伤得越深，与其如此，倒不如给自己留点颜面。看着他期待答案的眼神，她轻轻地说了一句："让我考虑考虑。"她感觉到，他的眼神里有一阵欣喜。

之后，她去了那女孩开的店。女孩皮肤白皙，笑起来有一对浅浅的酒窝，确实漂亮。当她告诉女孩，她是他的妻子时，女孩一脸不屑，轻笑着说："他不爱你。"

离开小店时，她的心情很乱。她想不明白，丈夫为何会爱上一个如此浅薄的女孩，竟然还愿意为了她抛弃妻子。走得累了，她在桥边静坐，想起自己也曾年轻漂亮，也曾深深地吸引过他。她和那个女孩只是隔了20年的岁月，却被贴上了新欢与旧爱的标签。现在的自己，就像影视剧里说的“黄脸婆”一样，啰啰唆唆，不让他抽烟，不让他喝酒，不让他赌博；过问他每一笔开销，买衣服货比三家。她这么做的初衷是因为爱，现在却被他当作包袱。想到这些，她泪如泉涌。

三天以后，她在离婚协议书上签了字。手续还没来得及去办，她就回了娘家，想自己静一静。临走前，她望着房间里的一桌一椅，揪心的疼。她给丈夫写了一封信：

“从此以后，我不再是你的黄脸婆，不再是你的佣人；我不必再花时间给你熨烫衣服，搭配领带，我想打扮一下自己；我不必再每天等你回家，为你在路上的安全提心吊胆，我想睡个安稳觉；我不必再担心你抽烟伤了肺，喝酒伤了肝，我想花点时间去旅行；我不必再操心你家的亲戚谁要做寿、谁要嫁娶，我想多照顾一下我的父母。

“我没有年轻过吗？我没有单纯过吗？你送我的每件东西，我都视如珍宝。我很爱你，可是婚姻包含着许多责任，我不可能全心全意地专注于你，我得照顾公婆、照顾孩子。所以，当另一个女人全心全意地拿出她炽热的爱来袭击我的幸福时，我无以抵挡。离婚，对我来说，也许是一件好事。

“你说你很爱她，那么等你们在一起生活几年之后，再看看那时的情形吧！看看你是不是还像现在这样激情澎湃。她现在能给你的，都是我曾经给过你的。等你折腾够了，也许会发现，你不过是把我们走过的路又重复地走了一遍。”

一个月后，他打电话给她，告诉她孩子的近况和公司的一些事情。

她平静地提出，要去民政局办手续，他沉默片刻之后，终于开口："回来吧。对不起，以后我们好好过日子。"

最终，他们没有离婚，那个女孩也退出了。她很庆幸，当初没有歇斯底里地和他大闹一番，而是静静地选择了冷处理。

许多事都是如此，冲动、愤怒于事无补，原本可以挽回的局面，也可能因为情绪过热而一败涂地。受了委屈，遇到突发事件，迷茫不知所措的时候，收敛起火暴焦急的脾气，给自己一点时间，给对方一点时间。

当被冲动冲昏的头脑慢慢冷却下来后，一切都会呈现出最真实的样子。待到那时，无论去或留、走或停，做出的决定都是最理智的，不至于在日后回首时，悔恨遗憾。

抚平莫名所以的焦虑

只有当一个人不再沉沦于物质生存的终日焦虑，他才可以去寻找和享受情感。他才可以让情感这样一个高尚的东西，远离金钱而保持纯洁。

——海岩

电影《蒂凡尼的早餐》有一处情节，作者借助女主角之口，娓娓道出了女人内心深处普遍存在的一种情愫：“焦虑是一种折磨人的情绪，焦虑令你恐慌，令你不之所措，令你手心冒汗。有时候，连你自己都不知道焦虑从何而来，只是隐约觉得什么事都不顺心，到底是因为什么呢？却又说不出来。”

贾宝玉说，女儿是水做的。柔情似水，多愁善感，仿佛是女人与生俱来的一种特质。和男人相比，女人在对待工作、生活和情感时，往往会不知不觉陷入忧虑的状态中，一颗心像悬浮在空中，没着没落，突然想到未来、想到没有发生的事，也会感到莫名的恐惧。偶尔，他人一句不经意的话，路边偶见的一个场景，都可能让她的情绪顿时从晴到多云，甚至掀起一场狂风骤雨。

心理学家坦言，多数女人觉得不幸福，主要原因就是生性爱担忧、焦虑，惶惶不可终日。当然，有些焦虑事出有因，比如感情受挫、经济危机、工作不顺等。但是，更多的时候，女人的担忧都是自己臆想出来的，不过是杞人忧天。在那些“假想敌”的面前，不知如何应对，也不知如何解决，就深陷在泥潭中难以自拔。

林可儿是个谨小慎微的女人，读大学时没有旷过一次课，上班后也从不敢怠慢每一项工作。常有人赞叹她认真、有责任心，她心里明白，这不过是真相的一部分。有许多心事，她从未开口向谁说过，她不知该如何告诉别人，其实自己是一个经不起事的人，一点儿风吹草动就乱了分寸，寝食不安，所以她才会循规蹈矩、按部就班。

某个周五，临近下班的时候，经理在网上跟她说了一句：“下班后到我办公室来一趟。”看到这句话时，她的头嗡地一下，瞬间一片空白，随之而来的是忐忑不安。她很害怕，心想：“是不是我做错了什么事？难道是要开除我？”她越想越焦虑，甚至有一种干呕的感觉。那一小时里，她几乎没做什么工作，手指头都变得冰凉。

终于熬到下班，周围的同事陆续都走了。她做了一次深呼吸，鼓起勇气敲响了经理办公室的门。只见，经理笑脸相迎，和颜悦色地告诉她：“这次你写的产品报告很好，客户非常满意。按照公司的规定，每次项目通过后都有奖励……”原来，经理留下她，是为了给她发奖金，她却因为胡思乱想，折磨了自己一个多小时，实在有点儿庸人自扰。

一位气质干练的职场女达人，每天笑脸盈盈，做事麻利，似乎没什么事可以难倒她。可就在一年前，她还因为焦虑一脸憔悴地走进过医院的诊室。

当时，她还是公司里的小文员，不怎么起眼。恰好，行政部空出了一个助理的职位，公司打算从内部提升。为了争取那个机会，她拼命地工作，经常加班熬夜。忙碌的工作加上心理压力，她每天夜里都辗转反侧、心绪不宁，有时梦里都是工作的事。早上起来，头晕脑涨，身体也轻飘飘的，她根本无法集中精力做事，总想着晚上回去早点睡，可躺到床上之后，睡意全无。这种情况，持续了整整两个月，终于把她逼到了崩溃的边缘。

医生倒也很坦白，直接对她说："你精神压力太大，我只能给你开一些缓解神经紧张的药，其他的只能靠你自己。你的失眠是因为心理上的问题，什么时候不焦虑了，也就好了。每天晚上睡觉前，最好什么都不要想。哪怕睡不着也没关系，不要去想它，也不要强迫自己非要睡着。工作上的事，只要尽力就行了，也不能强迫自己背负太多东西。"

配合药物治疗和自我放松的心理暗示，一个月后，她的失眠症痊愈了。反思患失眠症的这段经历，她恍然明白：其实失眠不是最可怕的，最可怕的是心里的忧虑。

自那以后，她不再刻意给自己增加压力，在自己能够承受的范围内做好自己该做的事，其他的不去多想。放下了心理上的负担和情绪上的焦虑，多了一份"但行好事，莫问前程"的洒脱，许多事情也变得不复杂了。从容地走过几个春秋，没有苛求什么，没有患得患失，曾经憧憬的那些东西，却都一一得到了。

焦虑不总是错的，从某种意义上来讲，它其实是一种自我保护意识。在焦虑中，女人可以避免莽撞和冲动的言行，能够降低危机，消除风险。但若焦虑愈演愈烈，甚至影响了正常的生活，那就得多加注意了。

你可以把焦虑的事情都写下来，然后逐一地去想，该怎么解决掉这个问题，知道有办法处理，心里的压力就会小很多。如果是无法改变的事，就要学着淡定、学着看开。既然已经没有更好的办法了，就不要再在情绪上折磨自己，搅乱当下和未来的生活。有时候，困惑和焦虑就是因为钻了牛角尖，一旦把目光和思想从那件事上抽离开来，过段时间再回头看，会发现当初焦虑的事也不过如此。

此外，尽量把自己的生活安排得井然有序，不要什么事都堆在一起，在时间和精力上给自己造成紧迫感。把最重要的事列出来，优先去做，就算当天还有许多小事没做，也不会有太大的影响，让生活烦乱不堪。总而言之，焦虑这种情绪随时都可能会出现，女人唯有抱持一份淡定的心态，学会轻轻抚平自己的情绪，才不至于被生活的琐事牵绊住脚步。

Chapter4

有能力爱自己，有余力爱别人

别把自己弄得像笑话

那个时候，我还不知道我们可以一如往常生活、工作，在开玩笑的时候心如刀割… 我完全不知道，我们可以在伤心欲绝的同时，一面全神贯注工作，精神崩溃同时又笑容可掬，悲伤又自在，苍凉又爱恋。

——布里吉特·吉罗《爱情没那么美好》

多年前，她在即将上台演出的时候，却意外得知，自己的丈夫与相识多年的女朋友走了。这个如同晴天霹雳般的消息让她措手不及，她真的毫无防备。知情者都在犯嘀咕：怎么办？她怎么承受得了？却只见，她淡淡地笑了笑，继续化妆，就像听到的是别人的事一样。

十几分钟后，她以最佳的状态站到了舞台上，给观众展示出最灿烂的笑容。她不急不躁，声调平稳，给观众们讲了许多幽默风趣的事，惹得观众都很开心。回到后台，她一如既往地卸妆，看起来和往日一样，没有任何异常。

当真的婚姻遭遇了假的童话，她表现得很镇定，坦言：“1992 年，我与丈夫结婚；1997 年，因为聚少离多，中西文化差异以及丈夫不肯放弃一个多年的女朋友，我离婚了。从小我们听了太多的童话，其实公主王子的故事都是骗人的。美满的婚姻是一个幻想，离婚是幻想的破灭。幻想不是真的，但婚姻是真的。”

对任何一个女人来说，婚姻的失败都不可避免地会带来伤痛，于她而言亦如是。但她知道，伤心欲绝改变不了任何结局，甚至会让生活变得一团糟。她承认了婚姻的失败，但并不觉得自己输了。在一次访谈中，主持人问她，遇到人生低谷或危机的时候，会很沮丧吗？会陷入什么样的状态中？

她给出的答案很明确：“很痛苦的事，你就尽量不要想它。睡一觉，哭一场，过了以后，会感觉好得多。痛苦往往是在夜晚，好像睡不了觉，其实好好地睡一觉，醒来后看东西都不一样了，就算是很痛苦的东西，也都会过去的。我离婚后，很痛苦，但我很忙很忙，我告诉自己：离婚后你还没有真的给你自己时间，给你自己时间去容许你自己伤心。

“我每天一个人走到海滩，我要哭就哭。但我提醒自己，两个礼拜以后就不容许再想了。因为人生的这一页要翻过去，不能够永远都是‘我好痛苦啊，我很痛苦’，永远痛苦下去，对谁都没有好处，对你家人没有好处，对于伤害你的男人也没有好处，对自己更没有好处，你的朋友不愿意看到你这样子。”

终于，她挨过了那段艰难的日子，跟自己的情绪做了一次抗争。婚变之后，她没有垮掉，事业比从前更加辉煌，人生也过得更精彩，无论到哪儿都洋溢着自信的笑容。这个女人有一个响亮的名字——靳羽西。

苏格拉底说：“人失去了勇敢，就失去了一切。”

究竟，怎样才算真正的勇敢？不是无所畏惧，而是当一切已成定局，能够掌控自己的心，梳理好自己的情绪。毕竟，对已经发生的事而言，你伤心流泪，你悲恸欲绝，都只不过是徒劳，结局不会因此有任何改变，除了让你丢掉明天、丢掉未来。

曾听闻这样一件事：一位年过半百的阿拉伯富商，由于一次错误的判断，在一次大买卖中倾家荡产，欠下大笔的债务。他卖掉了房子、车子，还清债务。无儿无女的他，在穷困潦倒之际，陪伴在身边的只有一只猎狗和一本书。

某天，他来到一座荒僻的村庄，找到一间避风的茅棚，在里面歇息了一宿。第二天早起，他发现心爱的猎狗被人杀死，直挺挺地躺在门外。那是与自己相依为命的唯一一个生命了，它的离开，让他对人生彻底感到绝望。他扫视了一眼周围的一切，突然发现，整个村庄死一般的寂静。

定睛再看，太可怕了！到处都是尸体。显然，这个村庄昨天晚上遭到了匪徒的洗劫，除了他，整个村庄里再无他人幸存。老人悲痛之余，不得不欣慰地想：我虽失去了心爱的猎狗，但我是这里唯一的幸存者，我不能沉沦下去，我没有理由不珍惜自己。

就这样，老人带着坚定的信念，迎着灿烂的太阳，重新出发。

在痛苦中找寻到希望，是一种生活智慧，也是一种生存技能，如此，才不会把自己逼到死角。正如黎巴嫩诗人纪伯伦告诉我们的那样："你欢笑所升起的井里，往往充满了你的眼泪。悲伤在你心里刻画得愈深，你就能包容更多的快乐，你快乐的时候，好好省察你的内心吧！你就会发现曾经令你悲伤的，也就是令你快乐的因素；其实令你哭泣的，也就是曾给你快乐的。”

别再沉浸在那些腐蚀心灵的人与事之中了，收拾好慌乱与哀痛，不要再任由自己陷入悲伤的情绪，陷入愤怒、恐惧和无助的哀愁里。生命有阳光也有阴霾，就看你能不能磨砺一颗坚强的心、一双智慧的眼，透过岁月的流沙寻觅到辉煌灿烂的星星。

爱自己，才能活得漂亮

不要苛求生活中多少人能够理解你，我们每个人都在用自己的方式寻找着自己的答案，在风雨的命运里经历，只要还能做到爱自己，那些命运里经过的伤就不要放弃治疗，做自己命运的拯救者，就是我们对生活最客观的信念。和命运同桌，不要希望命运救救我，我们要做的事情是拯救命运。

——延参法师

破碎的家庭，孤单的青春，拮据的生活，这是她对成长岁月最深的印象。

母亲患病离世那年，她只有 12 岁。那是个什么样的年纪？只是隐约懂得母爱的珍贵，却还不曾深思它的意义，还不曾体悟失去它的日子是多么悲凉。不过，现实很快就告诉了她答案，触痛了她幼小而脆弱的心。

同龄的孩子回家后，有热腾腾的、爱吃的饭菜，等待她的却是冰冷的锅灶；新学期开学时，不少女孩子都换上了新装，那是母亲为她们准备的。这一切，她都没有，父亲只知抽烟酗酒，不如意的时候，还会骂她两句。背地里，她偷偷流了许多眼泪，也曾到无人的空地哭喊着母亲，回到人群中，再让自己强颜欢笑。小小年纪，她就给自己戴上了面具。

后来，有人给父亲说媒。确实，父亲不过 37 岁，今后的日子还长，一个人这么漂荡着终究不是事。虽有她这个女儿，可总有一天，她会长大，会离开。父亲被说动了，不久之后，家里就多了两口人，女人是她的继母，小女孩是与她没有任何血缘关系却被告知要好好相待的“妹妹”。

街头的老人，常常在她路过之后，撇嘴说上一句：“有后妈就有后爹。”起初她不明白，可渐渐地，生活上的种种转变，教她彻底理解了所有。

以前，父亲虽然抽烟酗酒，可时不时地会给她零花钱，不曾委屈她。如今，家里多了两口人，父亲也不再掌握财政大权，所有吃的、用的、穿的，都得经过继母的点头许可，才能拿到钱去买。继母没对她发过脾气，说话也算客气，可就是这份“客气”，更让她觉得不自在。至少，这种姿态，与继母对待亲生女儿的样子，截然不同。就算是买必需品，继母也会先讲述一番道理，诸如“你看，家里不富裕，我也不赚钱，能给你的就这么多”，而后寒酸地掏出一点点钱，递到她手上。一转身，她便看见，继母穿上新买的衣服，在镜子前扭来扭去，判若两人。

家，还是原来的那栋房子，屋里的陈设，也没有多大改变，可是，家的味道，已经变得很陌生了，陌生得让她感到害怕、感到厌倦。她无处诉说，碍于面子和自尊，她只能故作欢笑；她内心无比孤单，渴望一处港湾，给她温暖，让她栖息。

15 岁，她已经对生活有了无望之感，甚至偶尔还想堕落一把，告诉父亲和继母：让我自生自灭，别再管我。幸好，那一年，姨妈从外地搬到了她所在的城市，一切悄然改变，她的命运也随之改变了。

姨妈是母亲唯一的妹妹，很早就离开家在外闯荡，有过一次失败的婚姻，无子，离婚后，一人独自在南方生活。她听家里的亲戚说过，姨妈很能干，开了两家时装店，赚了不少钱。也许，是因为没有亲人在身边，姨妈对家庭、对亲情无比地渴望。在母亲去世三年后，姨妈从南方回到了她所在的小城，跟她父亲商议，要接她去读书，顺便跟自己做伴。

家里的日子本就不富裕，父亲虽有不舍，更多的却也是无奈。临别前，父亲对她说："经常给家里打打电话，需要用钱就跟我说。"这句话，说得没什么底气，她知道，那不过是父亲说给姨妈听的，为了一个男人和一个父亲的尊严。

姨妈待她如亲生女儿，可她始终郁郁寡欢，也许是成长的环境造就的性格使然，也许是内心的自卑感左右着她。偶尔，在言谈中，她还会透出一股自轻自贱的态度。姨妈把这一切都看在眼里，没有责怪的意思，反倒是心生爱怜。

某天夜里，她在房间里呆呆地坐着，姨妈面带微笑地走了进来。她脸上的阴郁，根本不该是那个年纪的女孩所有。姨妈拿出一个包装完好的礼盒，递给她说："丫头，生日快乐。"生日？她竟然把自己的生日都忘了。自从母亲离开，便再没有人给她过过生日，哪怕是煮一碗普通的面条，聊以安慰也罢。她问姨妈："我可以打开吗？"姨妈笑着点头。

那是一条漂亮的牛仔裤，还有一件白色的上衣。顿时，她有种想哭的冲动。片刻后，她小声说了一句："姨妈，谢谢你。我以为，我这样的女孩，走到哪儿都不会有人喜欢。”姨妈摇摇头，给她讲了一个故事。

一个从小生长在孤儿院的女孩，内心很自卑，看到别的孩子有父母疼爱，便觉得自己没有可爱之处，否则便不会被父母遗弃。她把心思告诉院长，院长没有直接回答她的问题，而是送给她一块石头，说带她到集市上去，让她来卖这块石头，但有个条件：不是真卖，无论别人给多少钱，都不要卖。女孩似懂非懂地点点头，心想：会有人要一块石头吗？

女孩蹲在集市的某个角落，不多时就有人上来问，想买那块石头，给出的价格也是一个比一个高。女孩很开心，冲着不远处的院长笑。

第二天，院长带女孩去了黄金市场，要她在那里卖石头。结果，真的有人愿意出比昨天高10倍的价格买下这块石头。女孩牢记院长的话，没有卖。第三天，院长带女孩去了宝石市场，这一回，石头的价格又涨了10倍。女孩不肯卖，那些人更觉得此石是稀世珍宝。

女孩问院长：“为什么他们愿意花钱买这块石头？”

院长说：“生命的价值就跟这块石头一样，在不同的环境里就有不同的意义。一块普通的石头，因为你的珍惜，不肯随意抛售，就提升了它的价值，被人说成稀世珍宝。你和这块石头一样，只要你看重自己，不肯轻易否定自己的价值，那么别人也会像对待珍宝一样对待你。要记得，看重自己，你是独一无二的，是最珍贵的。”

听过姨妈的讲述，她觉得，自己就像是故事里的那个小女孩：过去，她一直把自己视为不起眼的石头，内心压抑了太多的情绪，就算是环境影响了自己，他人伤害了自己，可说到底，还是因为自己不够爱自己。

十几年过去了，她依然记得那个夜晚，那是她人生里学到的最重要的一课：不必在意别人是不是喜欢你，是不是公平地对待你，更不要奢望人人都会善待你。累了就停下来歇歇，难过了就蹲下来抱抱自己，冷了就给自己一点温暖，孤独了就为自己寻一片晴空，当全世界都不爱你的时候，你也要好好爱自己。

永远不要跪着生活

爱自己，什么时候都不晚！面对重要的人时，我们总是习惯性把自己看得很轻很轻，可“人性本贱”，你不把自己当回事儿，别人更不会把你当回事儿。可以在生活中弯腰，但绝不跪着生活！

——苏芩

冷傲的眼神、倔强的性格，张爱玲给人的第一感觉，是有些冷峻而跋扈的，可遇到胡兰成，她变成了一个情窦初开的小女生，羞涩、快乐，还有些胆怯，生怕自己不经意间做错了什么，让他伤心而去。她从上海跑到温州去看他，低眉顺眼地坐在他跟前，只为了听他说上五六小时的话……对此，她写道：“女人在爱情中生出卑微之心，一直低，低到尘土里，然后，从尘土里开出花来。”

低微而痴狂的爱恋，是张爱玲爱的姿态。而胡兰成呢？一副胜利在握的样子，在赞美她的时候也一样赞美着别的女人；与她在一起时，甚至还偷偷与其他女人密会……最终，在这场缠绵悱恻的爱的对决中，张爱玲输了。她输掉的不仅仅是所爱之人，还有那一颗高贵的心灵和从从容容的姿态。爱到卑微，真的不是一件伟大的事。

真正的爱情是需要尊严与平等的，在爱情的平等宣言中，简・爱语出惊人："虽然我贫穷，虽然我不漂亮，但我的心灵跟你一样丰富，我的心胸跟你一样充实！当我们的灵魂穿过坟墓，站在上帝面前时，我们是平等的。"

就像舒婷在《致橡树》一诗中写的那样："我如果爱你，决不像攀援的凌霄花，借你的高枝炫耀自己……我必须是你近旁的一株木棉，作为树的形象和你站在一起。根，紧握在地下；叶，相触在云里……我们分担寒潮、风雷、霹雳；我们共享雾霭、流岚、虹霓。仿佛永远分离，却又终身相依，这才是伟大的爱情。"

玛格丽特・米切尔，美国现代著名女作家，为中国读者所熟悉的美国著名小说《飘》（由小说改编的电影名《乱世佳人》）的原作者。由于母亲早逝，玛格丽特不得不从中学辍学操持家务，如同《飘》中的女主人公郝思嘉一样，她生来就有一种反叛的气质。

成年后凭着一时的冲动，玛格丽特嫁给了酒商厄普肖，但这段婚姻不久便以失败告终。与其说是厄普肖冷酷无情、酗酒成性的原因，不如说是玛格丽特的婚姻爱情观的缺陷，她深深地迷恋于厄普肖，甚至是一种仰天崇拜的姿势，这无疑助长了厄普肖的狂放不羁，他对玛格丽特越来不在乎。

这场婚姻的不幸，让玛格丽特明白了女人在婚姻中的平等性。之后，她很快便重新振作，嫁给了记者约翰・马什。玛格丽特打破当时的惯例，在门牌上写下了两个人的名字，她说："我要告诉所有人，里面住着的是两个主人，他们是完全平等的。”更让守旧的亚特兰大社交界惊讶的是，她不从夫姓。

好在约翰·马什也提倡夫妻之间的平等，同他的这次结合是玛格丽特的幸运。马什一直支持和深爱玛格丽特，也正是在他的鼓励和支持下，玛格丽特开始默默从事她所喜欢的写作，十年后《飘》正式出版，她一夜成名。

在爱情里，同样不卑微的还有《傲慢与偏见》里的简和伊丽莎白。

班纳特家的大女儿简，虽未生在商家贵族，却从不卑微。从接到宾利妹妹的信，到去伦敦为了“巧遇”宾利却无果而归，再到宾利上门问候却没有任何表示，她燃起的希望一次次地被熄灭。可是，无论她内心多么煎熬，她看起来仍然波澜不惊。直到宾利鼓足勇气扔掉所有的客套与礼貌，大声表达他的愧疚与歉意时，她露出了笑容与感动。在一个贵族男子跟前，她没有自卑，不哭不闹，端庄温柔，坚守着“无论你是谁，我还是我”的淡定，着实令人敬畏。这一点，她跟简·爱有雷同之处，不同的是，她的气质里更多的是淡雅。

班纳特家的二女儿伊丽莎白个性迷人。在那个只能靠嫁个有钱男人改变自我价值的年代，她坚守着自己的爱情观，不因出身平平而趋于权贵，也不用金钱衡量爱情，在傲慢的达西面前，她没有丝毫的自卑与怯懦。

她们爱得很安静，却从不卑微；纵然无望，也会走得很干脆，但那不是绝望。她们深知，只有把自己当成珍宝，幸福才会眷顾你。爱得软弱而卑微的女子，在感情里是一副讨好的姿态。可惜，这样的姿态，只能换来冷淡和忽视。你爱得越是卑微，越会加速他离开你的步伐，他甚至会尽可能地调动并利用你的爱，压榨你的金钱、柔情和各种社会资源，从中获益，再将你一脚踢开。

若你还不懂得在感情中保持怎样的姿态，以哪一种形式去爱，那么杨澜在博客中写过的这番话，或许可以作为心灵的引导——

“婚姻需要爱情之外的另一种纽带，最强韧的一种不是孩子、不是金钱，而是关于精神的共同成长，那是一种伙伴的关系。在最无助和软弱的时候，在最沮丧和落魄的时候，有他（她）托起你的下巴，扳直你的脊梁，命令你坚强，并陪伴你左右，共同承受命运。那时候，你们之间的感情除了爱，还有肝胆相照的义气、不离不弃的默契，以及铭心刻骨的恩情。”

爱情应当是锦上添花

亲爱的自己，不要抓住回忆不放，断了线的风筝，只能让它飞，放过它，更是放过自己；亲爱的自己，你必须找到除了爱情之外，能够使你用双脚坚强站在大地上的东西；亲爱的自己，你要自信甚至是自恋一点，时刻提醒自己我值得拥有最好的一切。

——《一封写给自己的信》

她纵身一跃，酝酿了21年、正在盛放的生命之花瞬间凋谢了。

她走了，全然不顾，粉碎了自己，也粉碎了父母生的希望和期冀。她忘了，呵护她成长的父母这些年付出了多少辛苦；她忘了，成年的儿女该担负起对家庭、对自我的责任；她也忘了，未来还有无限的可能等她去创造。她所记得的，不过是一段破碎的感情，一个无法继续留守在身边的男生。

爱情是一篇华美的乐章，为情而舞，为情而困，是多少年轻女孩的常态。可爱情不只是人生中唯一的乐章，暂且不说亲情、友情等其他事物，单单是“生命”这两个沉重的字眼，它就无法与之相提并论。活着，就是一种幸运，没有什么东西值得你轻言放弃生命。

现实总是残酷的，我们遗憾，我们惋惜，因为一段动人的爱情，总是以终成眷属为结局；一段悲伤的爱情，总是以鲜血与生命的代价留下无限的叹息。很多痴情的女子面对已经逝去的爱情或婚姻，试图用生命来威胁男人回心转意，而当男人对此表示并不在意时，女人便决定要让男人终身后悔。于是，惨剧就这样发生了。

殊不知，对于过往的伤害念念不忘，并非好事。那些爱你的人，会因为你的离开，痛彻心扉；那些不爱你的人，既然已经决定放手，那么你的离开充其量不过是人生的插曲。最凄凉的是，还有人会把你的永远离开当成解脱，你那昂贵的生命对他们而言，只不过是最菲薄的馈赠。

距离上一次争吵，已经足足半个月了。这期间，她没有见过他，心里却一直惦念着，想知道他好不好。她很爱他，虽然平日里喜欢发点小脾气，可她心里觉着，他是爱她的。架不住思念的煎熬，她决定到他的单位找他。

路上，想着半月前争吵的画面，她心里有气愤，也有懊悔。她不是无理取闹，自己辛辛苦苦支撑起来的店铺，他背着自己盘给了别人。她被愤怒冲昏了头，当着外人质问他为什么要这样做，他一脸尴尬，故意说狠话撑面子，她就跟他吵了起来。看到她歇斯底里的样子，最后，他轻轻地说了一句：“回家吧，别丢人现眼了。”

就是这句话，像刀子一样捅进了她的心。她想不明白，自己生气，不就是因为他把店铺盘给别人了吗？她辛苦地经营店铺，不就是为了让家里过得更好吗？他到底有什么理由和资格，背着自己就把店铺盘给别人？越想越生气，她干脆回了娘家。

换作以往，他应该不出三天就会去接她，给她道歉，劝她回去。可不知怎地，她等了半个月，他都没有来。她不放心，趁他上班的时候偷偷回了家，家还是自己走时候的样子，并不凌乱。她猜测，这些天他应该是住在单位里了。

到了单位宿舍，敲门。令她惊讶的是，开门的居然是一个女人。她用挑衅的目光看着那个女人，而宿舍的床上躺着的，正是她朝思暮想、放心不下的他。他知道她来了，却动也没动，视而不见。她控制不住情绪了，像发疯一样，一把揪住那个女人，和她撕扯在一起，嘴里念叨着："都是你搅和的，你做点什么不好，偏偏破坏别人的家庭……"这时，他走了过来，一巴掌打在她的脸上，让她"滚"。

她的心，彻底被这一巴掌打碎了。她知道，他变了，已经不属于她了。可她不甘心啊，这么多年的青春，这么多年的心血，难道就付诸东流了？她大声地嚷嚷着："你如果不跟我走，我就死给你看。"

"要死就死远点，别让我看见。"门里传出他狠而决裂的声音。

她回到家，打开了农药的瓶子……等他接到噩耗赶回家时，看到的已是盖上了白布的她和一张字条：就算我死了，也不想让你看见。

为了赌气，为了报复，为了让他回心转意，选择轻生，实在可叹可悲。如果爱真的不在了，那就离开吧！这个世界上，除了爱情，还有许多值得留恋的东西，又何必用如此极端的方式伤害自己和爱自己的人呢？

不要因为自己还没有经历过生死，就把生视之为理所当然；也不要因为在爱情中受了一点伤，就想到用结束生命的方式来逃避或“报复”。要知道，这个世界其实并不“安全”，它充满了变数，能够活着，本身就是一种幸福，不管发生什么，你都没有理由肆意挥霍上苍的这份恩宠。

女作家三毛在撒哈拉沙漠举行婚礼时，丈夫荷西送给她从沙漠中拣来的一副骆驼的骷髅，那一刻她欣喜若狂。他们曾经就走在死亡的边缘，面临过即将失去生命的惊恐，所以他们懂得珍爱……海明威在经历了飞机失事、死里逃生后，当他读到关于自己的讣告时，他说：“一个人有生就有死，但只要你活着，就要以最好的方式活下去。”

人生本来就不易，生命本来就不长，不必将逝去的爱变作绳索，束缚自己、作践自己。世间万事总有它的因由和无奈，浅笑安然，不管经历着什么、承受着什么，请好好爱自己、爱生活、爱生命。

自信是对自己最深厚的爱

学着主宰自己的生活。即使孑然一身，也不算一个太坏的局面。不自怜、不自卑、不怨叹，一日一日来，一步一步走，那份柳暗花明的喜乐和必然的抵达，在于我们自己的修持。

——三毛

墙壁是温馨的粉色，房间里摆着些许小玩意儿，置身于其中，很容易让人感到轻松和愉悦。此刻，就连一直抗拒心理咨询师的她，也喜欢上了这里。再看那位心理医生，戴着一副银丝眼镜，表情平和，语气亲切，给人一种信赖感，就像是久违的老友。

她终于敞开心扉，说出了压抑在内心里的秘密："我很自卑，却从来没有向别人说过。和周围的人相处时，我的压力很大，总觉得别人都比我优秀、比我漂亮、比我有才华。我一直在想，到底怎么做，才能让自己感到满意？"

心理医生很平静，从身边的桌子上端起一只茶杯，递给了她，问道："你看看，这只茶杯和其他的茶杯有什么不一样？"

她拿在手里看了一眼，又望了望其他的杯子，说："这茶杯有缺口。"

“可是，除了那一点点缺口，整个杯口不都是圆的吗？我们每个人都有缺陷，就如同茶杯上的缺口，如果能用一颗平常心接纳自己的缺点，不苛求自己，不勉强自己，也就不会纠结了。”心理医生看着她，缓缓地说道。

“其实，这些我都懂。我也尝试过接纳自己，可每次站在别人面前，我所有的自信都没了，就只想躲起来，冲自己发脾气。让我喜欢上臃肿的身材、粗糙的皮肤，我做不到。”她坦白了自己的感受。

心理医生说：“我认识一位女雕刻师，人长得非常漂亮，也很有才华。她坐在那里雕刻东西的样子，专注而优雅，连我看了也会觉得她很迷人。不过，她每次一站起来，都会让身边不熟悉她的人震惊：她的腿有残疾。曾经有人对她说：‘如果不是你的腿有残疾，你应该比现在更优秀。’她不生气，也不感慨，回道：‘或许，你说的有道理吧！可我没觉得有什么遗憾。如果不是腿有残疾，我可能会花更多的时间出去逛街、看电影，就不可能专心学习雕刻了。所以，我感谢上天给了我一个残缺不全的身体。”

她听得入神，却不知道该说什么。心理医生开导她：“接纳身上的缺陷，不是让你强硬地去弥补它，而是透过这份缺陷，看到人生的另一面。”

走出心理咨询室，望着外面的景物，她心里顿感轻松了不少。河边的杨柳，没有挺拔的身姿，却有婀娜多姿、随风摇摆的柔美；远处的青松，没有花开的季节，却有傲然挺立的气质；还有那白杨，没有美丽的叶子，却有着参天的伟岸。

她突然想起一句话：生命正因有了裂缝，阳光才能照进来。你若是玫瑰，就绽放浪漫与火热；你若是莲花，就散发清香与优雅。不要去计较身上的刺，也不要嫌弃脚下那片淤泥，只要记得：你有自己的美，便能感受到上帝的恩宠。

美国的尼娜·加西亚在《我的风格小黑皮书》中这样写道：“一个漂亮女人走进房间，我也许会抬头端详她一会儿，但我很快就会收回目光，重新把注意力放在主菜、谈话或者甜点菜单上。说老实话：美貌不是那么吸引人。可是，如果是一个自信的女人走进房间，那效果就完全不一样了，她让人着迷。我的目光会尾随着她，看她怎么从容地、款款地一路从我身边经过。她也许不是我见过的最美艳动人的女人，但是她的一举手一投足那么自然大方，她成了最让人痴迷的女人。”

自信，是女人对自己最深厚的爱。没有天姿国色，不曾闭月羞花，只是芸芸众生中的平凡女子，可心中有一份对自我的欣赏和肯定，就如同给头顶戴上了光环，成就闪亮的生活。就像女作家毕淑敏说的那样：“我不美丽，但我拥有自信，这足够了。”

在《阮玲玉》里，张曼玉的身姿与那个年代的衣香鬓影重叠，从此成了复古风的翘楚；在《滚滚红尘》里，她那一派轻狂娇痴，开启了快乐新美人的先河。二十几年的表演经历，就是她的成长日记，年轻时的青涩稚气，现在的成熟自信，保留着东方女子特有的含蓄，又折射出西方式的激情，创造了40岁女人不老的传说。她的美，是时光雕刻出来的。

她曾意味深长地说：“女人自信的时候是最美的，我也是很晚才找到的。找到之后，你会觉得，有什么好怕的呢？怕也一样要面对，不怕也要面对，而怕的时候你的样子会很紧张，一点都不美丽。”

但愿，在时光的雕琢中，你也能够成为这样的女人：甩掉心底的自卑，用自信打破美丽只属于青春的神话，用自信赢得不朽的年华。

在寂寞的岁月里独自盛开

一个人的世界，很安静，安静得可以听到自己的呼吸声和心跳声。冷了，给自己加件外套；饿了，给自己买个面包；病了，给自己一份坚强；失败了，给自己一个目标；跌倒了，在伤痛中爬起并给自己一个宽容的微笑。

——席慕蓉

张爱玲说："夜那么长，足够我把每一盏灯都点亮，守在门旁，换上我最美丽的衣裳。"细细品味，字里行间都透着一股寂寞的味道，可在寂寞之余，却又不失美丽。

在华丽炫彩的生活舞台上，几乎每个人都曾渴望自己成为最光鲜亮丽的焦点，在簇拥的热情中绽放最美的光华。鲜少有人愿意独自忍受寂寞无助，在不起眼的角落里默默耕耘，做一株无名的小草。说来，也不是畏惧那份艰辛，只是耐不住那份平淡的寂寞。你看，周围的世界里歌舞升平，自己的世界冷冷清清，这样的孤寂和落寞，往往会击溃女人那颗脆弱的心。

可是，有人说过：人生就是一场一个人的旅行。父母无法陪伴你一生，孩子会有属于他自己的生活，就连亲密的爱人，也可能会在生命的暮年，先行一步离开。有谁，能够时时刻刻陪伴在你身边？总得有那么一段岁月，那么一些时光，注定要一个人寂寞地走过。

历史昆剧《班昭》中有这样几句唱词：“最难耐的是寂寞，最难抛的是荣华，从来学问欺富贵，真文章在孤灯下。”区区二十几个字，道尽了《班昭》中最美妙的精髓，留给女人一道深刻的人生命题：寂寞是美丽的。那些破茧成蝶、翩翩起舞的女人，无疑都在黑暗而厚重的茧中忍受过寂寞和痛苦，正是那份痛，磨砺出了一双美丽的翅膀，让她们在未来的某一天，褪去从前的种种，开启别样的人生。

出身名门，才华横溢，她几乎拥有着令旁人羡慕的一切。更为出众的是，从 16 岁开始，她就凸显了文学天赋，开始尝试动笔写作。之后，她做过编辑，在电视台做过编剧，还曾到英国学习几年。这样一个集家世、美丽、才学为一身的女子，本可以选择诸多体面的工作，可她却偏偏选中了一个在当时最不被人看好的、难登大雅之堂的职业：言情小说作家。

可想而知，周围全是反对的声音、鄙夷的目光，她当时的情境有多么难堪？她承认，自己当时的内心有无助、有寂寞，不被人理解和接纳，一度让她感到彷徨和痛苦。然而，在无尽的心灵寂寞中，她还是选择了坚持，坚持自己喜欢的事。

当时，香港的《明报》每期都有她的专栏，她的小说销量可观，多部作品都被一版再版。多年来，她孜孜不倦地抒写自己挚爱的言情小说，一坚持，就是 50 年，直到现在，她依然没有封笔之意。

曾经，有人问她："当别人说你的小说不入流，不认可你的时候，你心里寂寞吗？你害怕过这样的寂寞吗？你的哥哥们都是文化界的名流，只有你从事着不被认可的工作，你心里会觉得寂寞吗？"

她淡淡地回答："正因为寂寞，我才有了继续坚持下去的理由；如果少了这份寂寞，我又怎么可能心无旁骛、踏踏实实地写书呢？寂寞不可怕，只要在寂寞中不为所动地一直做下去，就会有好的结果。"

这个冷静而在寂寞岁月里盛开的女人，就是著名的女作家亦舒。

物欲横流的时代里，充斥着太多难以抗拒的诱惑，耐不住寂寞，往往就会在灯红酒绿的倒影中迷失自己；耐不住寂寞，就很难始终如一地坚守自己的选择，半途而废、浅尝而止。谁都知道，寂寞的路途是孤单的，鲜少有人理解和支持，甚至会有一种被隔离的疏远感，可是，也正因为有了孤独的磨炼，历经风雨的洗礼，才能够看见彩虹。不信你看，沙粒被蚌壳包围，历经黑暗与孤独，任由黏液的浸泡消融，而后才成了一颗绽放光芒的珍珠；还有那金光石，总是在经历百般打磨雕琢之后，才成为一颗璀璨的钻石。

一位女白领说："在别人眼里，我是个孤独的人，朋友不多，很少参加聚会。其实，我并不觉得孤独，很多时候，我宁愿一个人在房间里，放着喜欢的音乐，看一场喜欢的电影，读自己喜欢的书。别人害怕的寂寞，是我心中难得的享受。事实上，寂寞本身不可怕，也不是说，一个人的日子就很可怜，最可怜的，是内心的焦躁和不安。"

确实，有人说，寂寞像一杯咖啡，苦涩的味道令人难以下咽，可当你懂得了品味生活的苦，也许就能从中尝到一丝醇香。别抗拒寂寞的时光，当你经历过生活的种种波折，有过刻骨铭心的情感历程，你会明白，苦才是人生的真谛。在一个人的日子里，从容地过滤孤独，你所感到的便不只是迷茫和困惑，还有一种宁静与祥和。

Chapter5

你当温柔，不失力量

你比想象中坚强

有很多事是因为不想麻烦别人，所以自己咬咬牙就撑了过去。也有很多难以启齿的困难被自己死扛了过去。低潮期受到挫败的时候觉得自己没法振作了，最后还不是熬了过来。你看，我们都比自己想象中还要坚强。

——沈三废

有人说，如果哭泣时没有肩膀依靠，那就仰起头，只有自己强大，才不会被别人践踏。

30多岁，有家有室，正是为了生活迎头上进的时候，可是，命运多舛，她以为脑血栓这样的疾病只属于年老的人，却没想到它在不经意间就降临在自己身上，以至于落下了半身不遂的毛病。

刚得病的那两年，丈夫对她还算不错，方方面面照顾得都很周全，时常安慰她，给她宽心。她知道，丈夫期待着她有朝一日还能变回从前的样子，可最终这个幻想破灭了。他也终于明白，她无论经过怎样的医治和康复训练，都不可能“完好如初”，而后便心灰意冷。

当一个人的心凉了，随之而来的就是什么都不在乎了。很快她就发现，丈夫的言行间多了几分不耐烦。她不忍心责怪，只觉是自己拖累了他，但凡力所能及的事，她都不轻易开口求他。即便如此，这段婚姻还是没能保住。9 岁的女儿乖巧懂事，坚决要跟着她，理由是："妈妈需要人照顾。"

患病之前，她在小城里经营着一间裁缝铺，那时的她，心灵手巧，平静亲和。仿佛只在顷刻之间，一切都变了，昔日里热闹的铺子里，如今变得萧条冷淡。多年前，她为爱、为他，来到这里，而今他离开了，她再无依靠，残酷的现实容不得她自怨自艾、慢慢疗伤，为了自己和女儿，她必须重新"站"起来。

很快，她低价转让了裁缝铺里的东西，而后联系了代理福彩销售的生意。洗衣服、做饭、操作电脑，原本都是得心应手的事，现在每一件事做起来都很费劲，摔坏东西、烫了手、打错字，成了家常便饭。偶尔，她也懊恼，也会哭，怨恨老天让自己年纪轻轻就患了这样的病。但哀怨无用，除了坚强，她别无选择。

那几年的日子真的不堪回首。她以为自己挺不住，可就在 N 次咬着牙、流着泪扛下所有艰辛之后，一切都过来了。现在，她依然是一个人带着女儿，生活却已经全然不同，曾经的绝望与痛苦，都已化作了坚韧和勇敢。

人生充满了变数，太多无法预知的事情会在你没有防备的时候悄悄降临。没有谁能保证始终如一地陪伴在你身边，没有谁能保证在你难过的时候有人会给你安慰，也没有谁能保证在你陷入低谷时能给你一双有力的手。突如其来的变化，可能会让你失去现在拥有的一切，可能注定要剩下你一个人，走一段陌生的路。

但，真的不要仅仅因为你是女子，就畏惧了、退缩了、绝望了、颓废了，很多时候，你比自己想象中要坚强。当生命没有打算放弃你的时候，就不要轻易地放弃生活。许多暂时的痛苦和艰难，只不过在当时的一瞬间被无限放大，甚至大过了头顶的一片天，可当你咬着牙挺过去，再回头看时，一切都是过眼云烟。

半年前，凌子经历了人生中的一场“浩劫”：一向奔着结婚去的感情，毫无征兆地宣告结束；事业出现了前所未有的危机，弄得焦头烂额；身体也在关键时刻掉了链子……身心上的疲惫和痛苦，让她顿时对生活失去了希望，觉得自己倒霉透顶。

就在那段日子，一个失去联系已久的朋友，突然从大洋彼岸给凌子打来电话，告知结婚的消息。朋友的幸福，没有加重凌子的凄凉感，反倒把她从阴霾中拉了出来。三年前，朋友被前夫骗走了房产，多半的存款也被席卷一空，可想而知，一个付出了所有热情与爱，却闹得人财两空的女人，该是怎样的绝望？周围的人都劝她，打官司告状，夺回自己的一切，她却悄无声息地离开了众人的视线，远渡重洋，之后音信全无。

之后，凌子也打听过她的消息，却都没有结果。谁想到，三年后，朋友竟会主动打电话来。听她的声音，感觉很年轻、很活泼，朋友还兴奋地告诉凌子，她即将拿到 MBA 学位。

凌子并未提及自己的遭遇，她只是想起，朋友在人生最暗淡的日子，一边擦着眼泪，一边握着她的手，说："凌子，你知道吗？当你走到了悬崖边，只要不跳下去，不管往哪个方向走，都有生的可能。"

朋友的出现，宛若一盏明灯，在晦暗的日子里照亮了凌子的心。她知道，自己所经历的痛苦，也许是别人曾经经历过的，也许是别人未来可能要面对的。每个女人都不免会经历这段岁月，就像失恋与分娩的疼痛感一样，真正轮到你时，就看你是否有足够的勇气和信心去承担。而今，既然已经走到了这一步，怨恨谁都于事无补，真正能救赎自己的，唯有坚强。

有时，你可能脆弱得一句话就泪流满面；可有时，选择了坚强，你也会发现自己咬着牙走过了很长的路。如果你不坚强，谁也帮不了你，因为再伟大的情感也不可能强过你的内心世界。唯有自己撑起的天空，才会映出幸福的彩虹。

伤口处开出的是花

顺境也好，逆境也好，都没有不变的，都会变。遇到逆境磨难的时候控制不了、把握不住，一着急一上火，就把自己毁了，越来越不好了。如果真能把心稳住，勇敢地去面对，那很快就能过去。困难是暂时的，不用害怕，一切都会过去。但是人很难把握住自己的心。

——达真堪布

她的书架上摆放着一摞摞的书，那是她挚爱的伙伴。她说，自己最喜欢的两本书莫过于美国作家露易丝·海的《生命的重建》和史铁生的《我与地坛》，她读了很多遍。

知情的人都懂得，人在孤单脆弱的时候，总是希望能够遇到一些“同伴”。她之所以对这两本书情有独钟，与其作者的经历和人生理念是分不开的，他们的人生、他们的故事、他们的文字，给了她力量。

就像露易丝·海，美国最负盛名的心灵导师，她的个人思想全部是在她痛苦的成长过程中逐渐形成的。她有过飘摇穷困的童年，父母离异，5 岁时遭强暴，少年时代一直受到凌辱和虐待。后来，她逃到纽约，历经坎坷，做了一名时装模特，嫁给一个富商，14 年后却又被丈夫遗弃。

经历了这一切后，癌症又找上了她。面对身心上的种种灾难，她选择了坚强，创作了《治愈你的身体》《生命的重建》等代表作，用自己的经历，帮助了千万人。

对她来说，生命也正在经历着一场重建。

她的人生，在29岁之前，平平常常，一切却都还算顺利，读书、毕业、工作、结婚，顺理成章，过着平淡却幸福的小日子。可是，谁也没想到，那一场突如其来的车祸，却在她保住了几个学生时，断送了自己的双腿。事情已经传出，她的名字——张丽莉，轰动了全国，人们说她是“最美的女教师”。

出事后，她也有过低沉的情绪，直到现在，她偶尔还会在意别人的眼光。每当有人把目光投向她的双腿时，她心里都会觉得不舒服。那次，她和丈夫到附近的商场，在等待付款时，看到了一个可爱的小孩，她喜欢孩子，不由自主地去逗孩子。孩子用天真的眼神看着她，起初还笑呵呵的，可片刻之后孩子就跑开了，对妈妈说：“她没有腿。”

这样的情景，她知道是自己在未来的日子里必须面对的，所谓康复训练，不仅仅是身体上的康复，也包括心灵上的治愈。偶尔，心情不好的时候，她也会哭，倒不是因为辛苦和苦难，而是需要适当的发泄。很多话，她没有办法向父母家人倾诉，因为那样他们要承受得更多，所以她情愿自己偷偷地哭一场，最多就是当着丈夫的面流泪，他是她最大的依靠。哭过之后，心里舒服了，就会回归到正常的生活中，该做什么还做什么。

每天，她都会对着镜子微笑，给自己更多的自信，尽管她现在并不化妆。有人说她乐观，说她坚强，可她自己却说，其实自己也没什么特别的，身体健康的时候并没有太多的感触，每天都在为了工作和生活奔忙，甚至还有点小小的不满足，觉得生活处处都有不如意。可当自己从死亡线上挣扎过来后，经历了那一次重生，她反而对生命有了更深刻的感悟：每天拉开窗帘，感受到蓝天、白云和阳光，从生死未卜到生活基本可以自理，已经是莫大的幸福了。

她的身体永远地残缺了，她的灵魂和人格却从此变得更加完整。她心里没有怨怼，有的只是感恩，感恩自己还活着，感恩那么多人给自己莫大的关爱。她还说："活着就是一场修行，只希望对得起经历的苦难。也许，今后还有无法想象的困难等着我，在鲜花和掌声之外，我需要面对的是长久的平淡生活。"

生活中随时都有意外发生，这是每个人都不希望看到却又无可奈何的事。当不幸降临的时候，我们会觉得肩头担负了太多的重担，几乎将自己压垮，个别人在情绪失控时，甚至觉得死亡才是最好的解脱。可看到张丽莉的人生，真希望脆弱的人明白，只要自己还有一口气，只要还能看到明天的太阳，那就该勇敢地活下去。也许，煎熬的过程很苦，但请你相信，多给自己一点时间，真的可以走出阴暗的幽谷。

美国一位著名的社会学家在自传中曾经这样写道："上天既赋给我音乐和演说的才能，同时又给了我父母早逝、双手残疾的境地。我也承认，当我的双手残废时，我感到像一个把终生的积蓄都投资于工厂中的人，当一切准备好，预备开厂，在和保险公司谈妥了保险方案之时，忽然在半夜被人叫醒，发现我所有的东西都被夜里的一场大火烧光，化成灰烬。猛兽般不屈不挠、勇往直前的精神让我在这两种悲惨的情形之中从没产生过自暴自弃的念头。因为我知道，自暴自弃是无济于事的。”

只要心中保持能让阳光照进的空隙，慢慢地，即使前方再有阴影，我们也会深知这就是一个简单的“阳光在后”的结果，那时，心中便不会再有作茧自缚般的痛苦。

蜕变总是会伴着疼痛

我们的一生之中，经历过无数的风波，起起伏伏，担忧考试不合格，初恋时非对方不娶不嫁，初到社会做事出错……但现在还不是好好地活着吗？昨日的压力，已是今天的笑话了，还摇摇头，说一句：“当时真傻。”人，只要生存下去，总会过的。

——蔡澜

她长着一张可爱的娃娃脸，目光里透出一股温和与善良。在那个远离城市的小镇，像她这般可爱模样的女人并不多见，绝大多数已成家有子的女人，都显得有些不修边幅。若不知详情，单单看她这个人，真的会以为她只是一个不谙世事的小女孩，没有人会想到，她已是一个六岁女孩的母亲。

多数时间里，她生活得并不开心，只看她老公的面相便知一二：高高瘦瘦，满脸横肉，浑身酒气，和她站在一起，一点儿都不般配，可他却真的是她的丈夫，是孩子的父亲。再看家里，时常是狼藉一片，卧室的门不知什么时候被戳破了一个碗口大小的洞，地上、沙发上，处处都是争执殴斗过的痕迹，偶尔，还会看见年幼的女儿躲在墙角抽泣，不时地发抖。

这一切，她极少向人诉说。若说怨，也只怨当年的自己太幼稚，一失足成千古恨。

17 岁那年，她高中毕业，之后没有继续上大学，而是出来打工。在小城的工厂里，她认识了现在的丈夫。他连小学都没有读完，说不是文盲却也差不多，他给工厂里跑车，每出差一次就能赚到一些外快。在小城市里，会开车，有外快赚，那是一件挺有面子的事。更何况，他每次出差回来，都会给她捎回来不少东西，让她的虚荣心得到了极大的满足。

渐渐地，她喜欢上了这个会讨好人的男人，并开始与之交往。不过，她的父母极力反对，甚至以断绝关系相逼，可谁都知道，当一个女孩动了真感情，死心塌地想要跟着一个人的时候，她已经被爱情冲昏了头脑。她没有阻挡住那个男人的花言巧语和物质刺激，也不顾家里人的威胁反对，匆匆地嫁给了他。

她以为，从此走向了幸福之路，却没想到，地狱般的生活才刚刚开始。

婚后，他不许她出去工作，说自己可以赚钱养家，她只要做全职主妇就行了。起初，日子倒也是太平，她也挺享受这份清闲，可是没过多久，问题就来了。他每次出车都很辛苦，但不是每次都能赚到钱，有钱的时候就高兴得手舞足蹈，没钱的时候就对她横眉冷对，从辱骂开始，渐渐上升到出手打人。

仅仅脾气不好也就罢了，更糟糕的是，他还沾染上了赌博的恶习。

没钱的时候，他就让她出去借，借来的钱，他全都拿去赌博、吸烟，几乎没再给她买过什么东西。可当借钱的人找上门时，他却死皮赖脸地说：“这钱我根本不知道，她借的，你找她要。”

有一次，她实在没钱用了，就跟以前的男同事开口借了几百块钱。结果，借钱的场景被他看到了，回家后，他竟然用倒满了开水的茶杯砸向她。她的手臂被烫得起了泡，即便如此，他还是不满意，又抬脚将她踹到屋外。

遍体鳞伤的她，实在不知该去哪儿，只好硬着头皮回了娘家。父母见女儿受了这么大的委屈，心疼坏了，他们当即决定，让女儿离婚。

没想到，第二天，他就主动找上了门。他的表现，和前一天晚上截然不同，对着她和她的父母说尽了好话，给自己的行为找了充足的理由：“我喝酒了，是我不好，我糊涂。我真的错了，再给我一次机会吧，我真的会改，以后再也不会出这样的事了。我保证……”

善良的她心软了，信了他的话，以为这样的遭遇仅此一次，他今后定会改正，便跟他回了家。可惜，幻想总是美好的，现实却是残酷的，事实证明，他不仅没有改，反而变本加厉。

后来的两年里，她身上经常是青一块紫一块，脸上也时常挂彩。为了不让父母担心，她不再跑回娘家诉苦。周围的人都知道她家的情况，却也无能为力。没有谁知道她在想什么，也没有人知道她为何不选择离开。偶尔，会有人劝她，可她一声不吭，就像没听见一样，只是默默地掉眼泪。

直到有一天，她带着女儿和简单的行李离开家，坐上火车，去了离家很远的地方。她没有告诉任何人，只是默默地离开了。丈夫并未放过她，他跑到她的娘家去散布谣言，说她与别人私奔了，她借的钱都是他在还账，她对不起他。

半年后，她给父母寄来了一封信，告知她与女儿一切都好。信中，她这样写道：

“曾经，我以为我的善良和包容可以保住我的家，唤回他的良心，让他改掉那些陋习，可是我错了。对于不值得、不懂得珍惜的人来说，我所做的退让，都被认为是软弱和无能。我的心被彻底伤透了，也不想再继续那名存实亡的婚姻，所以我选择了离开。请原谅我，没有跟你们告别，我是真的想一个人冷静冷静，也想安静地调整一下身心。现在，我和女儿在这里过得很好，远离了谩骂、殴打，我有自己的工作，也可以安心照顾好孩子……”

再后来，她回到家乡，借助法律程序，与他办理了离婚手续。那一场痛苦的婚姻，永远地成为过去，而她也终于在疼过之后，蜕变成了全新的自己。

也许，这样的故事终究是特例，但它着实告诉女人一个道理：人生很长，难免会受伤，在遭遇痛苦的时候别彷徨、别退缩，勇敢地打破思想的禁锢，真的累了、疼了就放手。当一切尘埃落定，你必将会像凤凰一样，浴火重生。

没有一步路是白走的

亲爱的自己，不要抓住回忆不放，断了线的风筝，只能让它飞，放过它，更是放过自己；亲爱的自己，你必须找到除了爱情之外，能够使你用双脚坚强站在大地上的东西；亲爱的自己，你要自信甚至是自恋一点，时刻提醒自己我值得拥有最好的一切。

——《一封写给自己的信》

站在女人群中，她永远是一个“惹眼”的人物。倒不是打扮上多么夸张，也不是容貌上出类拔萃，只是远远看去，她的气质就那么与众不同，不做作，很大方，却不落俗套。现在的她，在一家连锁培训机构做代理校长，事业上如鱼得水，生活也过得风生水起。

不过，她拥有的这些不是与生俱来的。倒退十年光景，很少有人知道她那时候经历着怎样的生活，有过怎样的心情。

读中学时，她身上就扛着学业和生活的压力。为了帮家里赚钱，她每天下课都会去菜市场找做小生意的母亲，跟她一起卖东西。十二三岁的女孩，早早地体会到了生活的艰辛，见识了人情冷暖。所以，她也比同龄的女孩更早地学会了如何与人打交道，知道该说什么样的话更中听，怎样做事能让自己和大部分人都满意。

考入大学后，高昂的学费摆在眼前，她不得不寻找谋生的出路——促销员、餐厅小时工、翻译文稿、兼职模特，她都尝试过。别的女孩在享受大学的闲暇时光和青涩爱情的时候，她不是在图书馆找资料，就是在露天的场地接受风吹日晒的洗礼。那段经历，让她提早走进社会，领悟了生活，找到了自己日后的人生方向。

青春年少的日子，谁不曾尝过爱的苦涩？她曾经奋不顾身地爱上了一个人，可惜他不懂，亦不珍惜，留给她满心伤痕。过度的忧虑把她折腾到了医院，病痛的折磨让她恍悟，爱一个值得爱的人，一个懂得自己的人，才会有好的结局，单方面的付出，永远换不来幸福。这段痛彻心扉的往事，彻底伤了她的心，直到几年之后才彻底平复，但也让她在日后的感情路上少走了许多弯路。

谈及她这些心路历程，母亲总是满怀歉疚，觉得没能给她更好的生活，让她吃了太多的苦。她对这一切似乎看得很开，觉得生活不过是各人走各人的路，没有什么固定的标准，一定要在什么样的年纪做什么样的事。也许，别的女孩经历的曼妙青春，于她而言更多的是苦涩，可这段人生路迟早要走，或早或晚而已。若说她错过了青春的甜蜜，不如说她提前尝到了辛酸苦辣的味道，看到她现在的一切，谁又敢说这不是上天给予她的补偿呢？

记得周国平说过这样一番话：“世上有一样东西，比任何别的东西都更忠诚于你，那就是你的经历。你生命中的日子，你在其中遭遇的人和事，你因这些遭遇产生的悲欢、感受和思考，这一切仅属于你，不可能转让给任何别人，哪怕是你最亲近的人。这是你最珍贵的财富。”

人生是一场旅途，途中的悲欢离合、甜蜜苦涩，都是难得的经历。美丽的景色不只有繁花相送，风餐露宿也是别样的体验，至少它能让女人的内心变得强大，性情变得沉稳。经历，意味着磨砺，意味着经验，意味着成长和积累。所有的经历，都是人生旅途中的足迹，都是一步一个脚印的过程。

就像经过了冬天的竹子，表面上看起来比那些没有经过冬天的一年竹小一些，没有一年竹那么幼嫩光滑，它的本质却非常坚实。冬天的低温与寒冷，让它的成长受到了阻碍，为此它必须想办法给自己争取一个良好的生存环境。于是，它就从内在充实自己，变得成熟坚强。

康小姐原有一份不错的工作，在一所公立中学做外语教师。到了而立之年，周围人都开始撺掇她结婚，她却做了一个更大胆的决定——自费留学。放弃稳定的工作，放弃结婚生子的打算，这样的所作所为实在令人不解，家人、同事、朋友纷纷表示不赞同。她却说：“人就只一辈子可活，我没遇到合适的人，也不想凑合着跟谁过日子。我想趁自己还算年轻，多经历一些东西，开始一个新的起点。”

留学的日子不容易。身处异国他乡，没有家人的照顾，没有朋友的安慰，也没有稳定的收入。想要更好地学习和生活，就只得靠自己去争取。那两年，她过得很辛苦，也很穷，经常吃方便面，整个人都变得水肿了。

现在，她已经回国，并顺利进入一家世界名企。如今，她的事业做得很成功，期间也遇到过种种麻烦，可是只要想起留学时的那段岁月，她就觉得，人生没有迈不过的坎儿。那段经历，就像是她人生中的一块跳板，让她收获了特别的精神财富。更重要的是，在追随心愿的同时，她也遇见了自己的灵魂伴侣。

世间的抉择，不存在绝对的好与坏。也许，你曾错失过一些美好，放弃过一些安稳，但这并不意味着错。任何经历都是心灵的升华，积累得越多，生命就越有长度；经历得越广，生命就越有厚度；经历过困苦挫折，生命就越有强度。

人生的意义，过程比结果更重要。结果如何，谁都无法知晓，但有了过程，有了种种经历，就是女人一世走过和拥有的财富。在人生之旅上，横竖都是路，苦笑都是歌。单一意味着平庸和浅薄，唯有高山平地都走过、苦辣酸甜都尝过，才能真正领悟生命的真谛。

人生何处不是道场

那些讨厌我和一度让我讨厌的人，也是我的修行，时刻提醒我要谦卑和自省，也要自强不息。他们都是我的恩人，使我明白我虽不能得到所有人的欢喜，但我可以时常怀着欢喜心，既感恩人生的顺缘，也感谢所有逆缘磨炼我的心志，造就今天的我。世间一切法都是佛法，人生何处不是道场？

——张小娴

她说，从有了记忆开始，就感觉自己跟别人不太一样。

儿时，看着院子里的小伙伴们有说有笑，羡慕不已。每次自己一靠近，她们就故意走开，疏远自己。谁若是跟她一起玩，回去就会被家里人训斥一番。对她有偏见的，不只是同龄的孩子，就连那些大人，每次看到她，也总是窃窃私语，指指点点。

那时的她，不过是个年幼的孩子，不知道自己究竟做错了什么。唯一跟她亲近的人，只有爷爷奶奶，还有那只叫阿黄的狗。孤单的时候，她就跟阿黄说说话。偶尔，爷爷奶奶看见她牵着阿黄远远地望着那些玩耍的同龄孩子，都会偷偷地抹眼泪。

待她稍微大了一点儿，她隐约听说了一些事情：母亲怀着她的时候，父亲因为抢劫伤人被判入狱，母亲生下她后不久，就离开了，再也没有回来。起初，她并不相信这些流言蜚语，觉得是那些人在胡说，因为爷爷奶奶一直告诉她，她的父母都是好人。可当她哭着跑回家问爷爷，他们说的是不是真的，爷爷满脸愁容，长叹了一口气之后，就陷入了沉默；再看奶奶，泪水早已在脸上泛滥……爷爷奶奶只字未提，可她什么都明白了。

她带着阿黄在附近的大树下，哭了整整一个下午。她没想到，自己的父亲真的是一个抢劫犯，而母亲也是真的弃她而不顾了。想起周围人这些年对她的指指点点，她幼小的心灵实在难以承受。本就不爱说话的她，此后变得更加沉默了，很少有什么事情能够激发她的兴趣，让她开怀一笑。有时，看着阿黄的眼神，她竟然也觉得它在可怜自己。

过早尝到了人间冷暖的她，叛逆期来得比同龄人要早许多。爷爷奶奶的年纪越来越大，她却越来越不听话。同学觉得她性格古怪，说话尖刻；周围的邻居觉得，种什么瓜得什么豆，她父母都不是正经人，她也好不到哪儿去，但凡有点儿什么不靠谱的事，不管是不是她做的，都一并算在她头上。渐渐地，她习惯了被误解，也习惯了不解释，反正人生已经这样了。

读高中时，功课很紧张，可她还是一副满不在乎的样子。没有人给她买参考书，没有人给她灌输要考大学、有作为的思想，她依然我行我素，想干什么就干什么。她和同学之间的关系，冷冷淡淡，通常都是独来独往，甚少与谁打招呼。

有一年夏天，她吃过午饭后在教室里呆坐。坐在她前面的几个女生凑在一起不知道在说什么，她也没太在意，反正那些都与她无关。她只知道，她们在摆弄一个像收音机一样的东西。她翻了两眼书，看不进去，索性就趴在桌上睡着了。

不知过了多久，一阵刺耳的尖叫声吵醒了她。“哎呀，我的 MP3 怎么不见了？”是前排的那个女生在说话。她这才知道，原来她们刚刚研究的那个东西，叫作 MP3。看那女孩急得面红耳赤，眼泪都快下来了，说：“那是我爸昨天晚上刚给我带回来的，怎么办呀？我就放在桌洞里了！”见此情景，她突然觉得又好笑又可怜。

没想到，这时，学委带着一副官腔发话了：“快点儿，谁把她的 MP3 藏起来了，赶紧拿出来，别开玩笑了！”平日里，学委就喜欢拿着鸡毛当令箭，动不动就喜欢给人打小报告，背后也没少说她的坏话。班里聚集的同学越来越多，可就是没人承认，丢 MP3 的女孩急得哭了。

突然，一个讨厌的声音传出来：“刚刚我们出去的时候，就她在教室里。”她没想到，矛头竟然指向了自己，看那架势，仿佛认定了就是她拿的。接着，又有人迎合道：“对啊，有前科的人，肯定得小心点。”有人趁机起哄，让她把东西“交出来”。

她开始有些惊讶，可几秒钟之后，她就淡然了。这样的事情，不是第一次发生了，指鹿为马的罪名，她也不愿做过多的解释。她心里压抑着愤怒，可更多的是愤怒，自己从小到大一直被人看轻，贴上了不好的标签。

“不是她拿的，她在座位上根本没动过。”一个富有磁性的声音传来，她顺势望了一眼，是他！班里最帅气的那个男孩子，他竟然替自己说话了。话音刚落，叽叽喳喳的几个女孩子，瞬间就安静了。

“你们出去的时候，我正好进来。那会儿，她正趴桌子上睡觉呢，刚刚才起来。我一直没离开教室，我敢肯定，不是她拿的。”平生第一次，有人为她辩解，有人相信她。矛头从她的身上移开了，大家劝那个女孩再找找。结果，那女孩在自己的口袋里找到了，闹了半天，虚惊一场，事实证明了她的清白。

时隔多年，她还清楚地记得那天中午的事。成长的岁月里，她习惯了被人轻视，习惯了被人误解，习惯了自己一个人扛着，可他的那番话还是深深打动了她，让她由衷地感激。他简单的几句话，是她内心深处无比渴望却又在现实中从未得到过的信任。

之后的事，连她自己都没有想到。她像是被注入了一股力量，开始拼命地学习，最后考入了大学，毕业后顺利地得到了一份安稳的工作。想起过往的那些事，她的脑海里总会浮现这样一句歌词：“冷漠的人，谢谢你们曾经看轻我，让我不低头，更精彩地活。”她的转变，让那些曾经看轻她、对她指指点点的人，缄默不语了。

活在世间，会有人在意你，也会有人把你当成可有可无的人，还会有人对你挖苦讽刺。只是，别人看轻你的时候，不必妄自菲薄，你要看得起自己，经受住委屈的考验。同时，换一种心态去面对，换一种角度去看待，正是那些看不起你的人，磨炼了你的意志，让你不屈服，成为今天更加成熟和美好的自己。

所有的绝境都在心里

生活中其实没有绝境。绝境在于你自己的心没有打开。你把自己的心封闭起来，使它陷于一片黑暗，你的生活怎么可能光明！封闭的心，如同没有窗户的房间，你会处在永恒的黑暗中。但实际上四周只是一层纸，一捅就破，外面则是一片光辉灿烂的天空。

——徐小平《图穷对话录》

罗曼·罗兰曾说："不幸不会长续不断，你要耐心忍受，或是鼓起勇气把它驱走。"

在遇到挫折或者磨难的一瞬间，从容地面对，就能够在这样的经历中磨炼出自己从容优雅的心态和行为举止，让自己像一堵坚实的墙，挡得住风霜雪雨，让她们像寒冬中的梅花，散发出严寒之后倔强凛冽的香。这样的女人，自然而然会有种吸引力，能够将周围的目光牢牢地吸引在自己的身上。

40 岁那年，她跟人合伙开了一家养生馆。

这不是她第一次创业了。10 年前，她和丈夫纷纷遭到厂里的裁员，之后她卖过衣服、开过饭店、做过直销，还去其他城市开过洗浴中心，不知是运气不好，还是不擅长做生意，结果全都以亏本告终。

世人常说，无奸不商，无商不奸。偏偏，她是个善良本分的女人，实在劲儿过了头，难免会亏本。对此，她一点也不避讳，自嘲地对人说："我呀，天生就不是做生意的料。"折腾了10年，把家里辛苦积攒下来的那点儿钱全都打了水漂，还欠了不少外债。

生意最惨淡的时候，是她开洗浴中心的时候，店铺在一个城乡结合部地带，门面看起来还不错，里面也挺宽敞。当时，她是用高利贷的钱给洗浴中心做装修的，本想打一个翻身仗，没想到人算不如天算，附近很快就拆迁了，那些租住在民房里的人，陆续搬走了；住在居民楼的人，光顾洗浴中心的又不多。就这样，她的生意又黄了。

日子艰难的时候，她辞掉了浴池的搓澡工，亲力亲为，尽量节省开支。可即便如此，洗浴中心没过多久还是歇业了。好歹，经过大风大浪的她，平静地接受了这个事实。为了还债，为了儿女，她到朋友介绍的超市里打工，理货、收银、推销，几乎所有的事都要做。有时候，超市货物运来时，她还帮忙卸货。

其实，当时介绍她来的时候，已经说好只做售货员，可她太实在，说都是朋友介绍的，能帮忙就帮忙，计较太多没用。知道她和气好说话，店老板对她也挺热情，只是工资一分钱也没多给。过年的时候，她拿到的红包，跟普通员工拿的红包没什么分别，都是100块钱。

这份工作没给她的生活带来多大的改善，反倒是让她落下了腰椎病。酒水饮料的货物，分量着实不轻，从前虽是工人，做的却也不是重体力活，突然间就扛这么重的担子，她瘦弱的身躯未免吃不消。每次卸货之后，她的腰都会酸痛好几天，有时胳膊都抬不起来。

为了儿子能上好一点的学校，她搬到了镇上。朋友借给她一间房子暂住，多少能省点房租。那房子实在简陋，一间房、两张床，吃饭睡觉全在这里。屋子的墙角有一个布料衣柜，里面整整齐齐地摆放着她的诸多衣服裙子。日子辛苦，可她依然美丽如故，不管在外还是在家，永远都那么干净利落、时尚漂亮，待在这间陋室里，也宛若一颗璀璨的明珠。

后来，她生了两场大病，一次是阑尾炎，一次是子宫肌瘤。切除子宫之后，她看起来比之前显老了，脸色也不再那么好，可她的穿着打扮依然入时。熟悉的人问起她的病况，她就撩起衣襟把小腹上的两道粉色的疤痕露出来，开玩笑地说："要是再来点什么病，我看医生都要发愁了，还有什么地方可以下刀啊？"

多少人觉着，她可能会在超市一直待下去，维持生计，养大孩子。没想到，时隔几年，她又拿出手里所有的积蓄，重新经商。相较以前，她思虑得多了，只是做养生馆的小股东，兼职在店里做店长，每个月拿点固定工资，不至于一亏到底。

她向来都是光彩照人的，不管什么样的处境，她都把自己收拾得光鲜体面，去养生馆也真的挺适合她。只是，不少人听闻她的经历后，都感叹自古红颜多薄命。她笑笑，自己薄命吗？也许是这样吧！30岁之前，有稳定的工作，稳定的收入；30岁之后，命运露出了狰狞的一面，穷困、病痛，一股脑儿全来了。好在，她从不怨恨，也不伤感，只是坦然地笑着，选择活下去。

微信的朋友圈里，她经常会上传一些美容、养生的内容，像一个贴心的朋友。偶尔，她还会发一些人生感悟：这一生，说长不长，说短不短，别计较太多，吃点亏也别放心上。留得青山在，不愁没柴烧。

当女人在生活中陷入困境时，要么在实际生活中冲出困境，对于可以挽回的事情极力地排除困难，明智地改变它、解决它；要么就是从思想上冲出困境，对于无法挽回的事情睿智地面对它、接受它。总之，人生的低谷并不可怕，可怕的是沉溺其中，不知道如何自拔。

有一位女作家在接受采访的时候对记者说：“我年轻的时候和很多女孩子一样，追求新鲜和刺激，肤浅不知世事，然而，在经过一些磨难之后，我才渐渐成熟，也明白很多人生的真谛，虽然克服磨难让我心力交瘁，甚至变得容颜沧桑，却增加了我的魅力。我先生说如果他遇见的是年轻时的我，就一定不会选择我来和他共度余生。”

其实，人生没有绝境，即便到了山穷水尽、无路可走之时，只要不妄自菲薄，坚定信念，坚持不懈，就定能赢得光明的未来。不管黑夜多么漫长，朝阳总会冉冉升起，不管风雷怎样肆虐，春风终会缓缓吹拂。

Chapter6

没有仓皇的姿态，跟着灵魂慢慢来

别催促上帝的安排

从一个不知所谓的女孩变成某人人生里的天降神兵。把一个青涩害羞的男孩变成可以真正令你仰赖的大神。其实我们缺乏的不是够好够对够靠谱的那个人，而是最后的最后，大家变成了彼此都需要的那一个人。如果你给他多一点时间，他也多给你一点时间，多好。来，我们来谈一场不赶时间的恋爱。

——十二

青春飞扬的日子里，三个女孩宛若三色堇，亮丽而鲜活。时隔多年后，她们的人生历经变迁，截然不同。十年的岁月，改变的不只是容颜，还有人心与思想。

女孩 A，长得不那么漂亮，身材不那么出众，学习也只是一般。成长的回忆里，她永远都是别人身边陪衬的绿叶，鲜少有人注意她，内心那颗叫作自卑的种子，慢慢生根发芽。她的青春，仿似苍白的纸张，没有过诗情画意，没有过脸红心动，至多有一场不为人知的暗恋。她总觉得，爱情是一件遥远的事。

到了适婚的年纪，在家人的催促下，她相亲、结婚。究竟是不是因为爱而步入婚姻的殿堂，她说不清楚，也许只是为了完成一项生命中重要的任务吧！偶尔想起自己的人生，她不免觉得有些遗憾，就像一朵原本可以盛放的花，身处艳丽的花丛中，悄悄地隐藏了自己，含苞待放，却终究未曾开放。

女孩 B，有一头金黄色的头发，白皙的皮肤，从中学时代开始，身边的追求者络绎不绝。这是许多美丽女孩令人羡慕的地方，总有那么多出乎意料的关怀与呵护，总有那么多温暖目光的追随。或许，她本无心过早地品尝那酸涩的情感，可在懵懂的年纪里，自制力终究敌不过那诱人的青苹果。

高中时，她开始了一场奋不顾身的爱情，荒废了学业，高考落榜。母亲苦口婆心地劝她，与男孩断绝来往，复读一年，她说什么也不肯听，最后丢给母亲一句话：“你别管了，让我自生自灭吧！”她害怕错过这个喜欢她、疼爱她的男孩，飞蛾扑火也认了。

到了 20 岁，她迫不及待地嫁了。原以为，幸福就会这么延续下去，没想到，真正的生活才刚开始，爱情就架不住考验了。从来没考虑过的柴米油盐，成了每天的必修课，所有浪漫的回忆都成了定格，日子变得平淡如水，原本有说有笑、甜甜蜜蜜的小情侣，也开始不停地拌嘴……这一切，她始料未及。

原来，果树上结出的第一颗果子，虽珍贵，却未必是最好的、最甜的。太害怕错过，太害怕失去，奋不顾身地去坚持，也未必是真的懂得珍惜。长久的爱，需要经历岁月的打磨，才能知道是否可以经得起风霜雨雪，可以过得惯粗茶淡饭的生活。

走得太急了，爱得太急了，往往会失魂落魄。急什么呢？天没老，地也没荒。

女孩 C，爱过、痛过、单身过，生命中来来回回地经历了不少人，眼见着朋友都开始结婚生子，她亦不慌。她告诉自己：不必羡慕别人的爱情，我也可以轰轰烈烈，只是岁月让我多等待，磨炼心性。越是迟来的幸福，越能体会到等待与珍惜的不易。

有人张罗给她介绍对象时，她也会见面，但绝不会轻易委曲求全。她相信，岁月会把最好的留给后面，最好的安排是时间给予的。这个世界上最勇敢的事，不是奋不顾身地往前奔，而是走一段路后，看一段风景，和自己的心对话，不急不躁地等待。太渴望拥有的时候，往往遇不到对的人，即便贪图温存在一起，最后也只能两败俱伤。

流言蜚语是生活中永远不会消失的事物，谈及别人对自己的看法时，她说："这世间不被接受的人和事太多，我管不了别人对我的看法，我能做的就是活得潇洒坦荡。生活是自己的，管它是掌声还是嘲笑声，自己的笑声比什么都重要。生活的剧本，爱情的结局，我要自己来撰写。不求惊天动地、轰轰烈烈，但求让生活丰盛有趣，让爱情细水长流。"

终于，30 岁那年，她遇见了那个对的人。他穿着她最爱的格子衬衫，摘下一朵栀子花，笑着递给她。不奢侈，不高贵，却深深打动了她的心。直觉告诉她，那就是她一直在等的人；他也笑着说："以后的日子里，我会陪你走过春夏秋冬，陪你细水长流。"

那一刻，她真觉得，所有的力气与青春的等待都没有白费，所有的孤独不安的时光，都是为了此时此地此刻的破茧成蝶。生命中总有些美好，是辛苦等待换来的。这种等待，不是挑剔，不是眼高手低，只是安于己心，淡然生活。短暂的寂寞，暂时一个人生活，都只是为了遇见更好的人，为了不将就着生活。

牡丹富贵，玫瑰浪漫，芍药妩媚，那是与生俱来的本性，不是盛放的缘由。纵然是一簇白菊，活在百花凋零的秋季，依然也可以傲然盛开，不与百花争艳，却有着另一种高洁。花如是，人亦如是。爱情与幸福，并非美丽女子独享的专利，它属于每一个热爱生命的人，前提是你不放弃最初的坚持，你坚信自己能够等到并拥有一份难得的情感。

每个女人都有机会遇见那个陪自己走过一生的、最对的人，只是需要一些时间。所以，不必因为寂寞而凑合着恋爱，不必催促上帝的安排，要相信，岁月有的是时间，让你遇见更好的人，你永远都等得起一份对的感情。

慢慢爱，不慌张

有一种孤独，是当自己慢慢长大懂事，看到那个属于自己的世界日渐完整，却跟身边最亲近的人没有交集。他们无法理解你所追求的和畏惧的，好像被你远远地甩在了身后，而这一切又那么无能为力。

——苏悦《慢慢爱，不慌张》

两个阔别多年的好友琳和菲，在某个秋日的午后，相约而坐。

岁月匆匆，时光不饶人。曾经如花似玉的她们，经过在生活的浸泡和打磨，已不再是当年稚嫩羞涩的小女生，彼此都多了一份干练与成熟。像所有平常女人一样，她们结婚成家，从懵懂无知到担负起家庭、事业的重担，生活教会了她们很多，也改变了她们很多。

难得再重逢，她们都难掩喜悦和激动，只是现在的生活圈子不同了，言谈之间不再如从前那般默契。琳读书时是个一等一的美女，现在看来，姿色犹存，可还是抵挡不住时光的侵袭。她穿着优雅，看得出来，为了这次约会她是精心装扮过的，只不过再昂贵的化妆品，也遮挡不住她笑起来那藏无可藏的鱼尾纹。

与菲相比，琳的物质条件更好一些。她在一家银行工作，先生经营了一个店铺，生意也还不错。可才见面没多久，琳就开始向菲吐苦水了，大致就是，感慨时间不够用。她好强的性子一点儿都没变，刚攻读完经济学硕士，又打算考博；在单位里得到了提升，可压力更胜从前，忙起来真是连水都喝不上。菲记得，琳的小提琴拉得很好，上学时她的琴声吸引了不少男生女生，可如今琳却说，那把琴已经好多年没动过了。

若说琳最直观的变化，还是她说话的语速，简直就像是枪弹出膛。席间，爱人打电话给她，她就像处理公务一样，用救火员一样的心情来面对。菲觉得有些诧异，没想到昔日的好友竟然成了这样，言行中全都透着一股子慌张。

菲说："琳，别只争朝夕地追赶日子，这样太辛苦了。"

琳叹了口气，回应道："亲爱的，你说的这些我都明白。可我现在就觉着，自己被架到了这个高度，下不来了。我今年已经 34 岁了，但一直还没有要孩子，说实话，对这件事，我真的很犹豫。事业上正处于稳步上升的阶段，让我就这么放弃，或者换一份清闲的工作，我很不甘心。现在的状态，就像你说的那样，追赶时间，追赶生活，稍微有一点儿进度慢了，我会心慌。"

"我希望你能把节奏放慢一点，想事情别太极端，事业也得循序渐进地发展，一个女人总是慌慌张张的，很容易变老。那就真可惜了老天赐予你的这张漂亮脸蛋啦！最好是保持平常心，顺其自然。我想，等你有一天看着自己的孩子冲着你笑，叫你一声'妈妈'，你就会觉得，所有的付出都是值得的。事业和家庭要兼顾，更重要的是照顾好自己的心，别慌。”说这番话的时候，菲一脸的平和。

琳望着眼前的好友，心里一阵感慨。阔别十年，都已经是三十几岁的女人了，可女友的那张脸和读书时没有太大的改变，依旧白皙，并泛着透亮的光。言谈是那么平和优雅，外界的熙熙攘攘似乎根本没有影响到她的心。

菲坦言，她的心态跟她所处的环境和职业有关。她在一家女性生活网站做设计，工作中接触的都是关于女性自我养成的东西，这使得她非常注重生活品质。工作再忙，任务再多，也很少熬夜加班，更不会显露出一副急得像热锅上的蚂蚁那样的神态。她总是不缓不慢、有条不紊地做事，不会随意地放纵自己偷懒松懈，也不会风风火火地把一天当成两天来用。

对待生活，她也如是。追求的目标，一定都在力所能及的范围内，那些踮起脚尖也够不着的东西，她从不奢求。菲说：“我珍惜自己想要并且能够得到的，对那些得不到的或是别人拥有的东西，没有觊觎之心。这样，心里就会很平静。”

分别的时候，菲开车送琳到机场。路上的车不多，可菲开得缓缓的，车里放着一曲诺拉·琼斯的《远走高飞（*Come Away with Me*）。琳问菲：“你平日都开得这么慢吗？在我们那里，你这就是‘马路障碍’。快点吧，大小姐，我晚上还要赶回去整理东西，明天下午要出差。”

菲笑着问道：“你不觉得，这条路上的风景很好吗？开得太快，就没得欣赏了。好不容易出来一趟，何苦那么慌慌张张的？放轻松点儿，天不会塌下来的。”

随着她的话音，琳望向窗外。果然，天空飘着大朵大朵的云，就像棉花糖，触手可摸似的。看着路边的树木，郁郁葱葱，充满了希望。她忽然发觉，自己已经很久没有仰望过天空了，早就忘了，天可以这样蓝，云可以这样美。这一刻，她那颗慌张而急促的心，悄然地静了下来。

国外有一句谚语：“停下来，闻一闻玫瑰。从含苞到绽放然后凋谢，玫瑰从不慌张。”

玫瑰，从含苞待放到凋零枯萎，安静从容、不慌张，这是一种坚定自守的姿态，女人在生活中也当如此。也许你会问：如何才能做到从从容容不慌张呢?

黄龙慧开有一首著名的偈颂：“春有百花秋有月，夏有凉风冬有雪。若无闲事挂心头，便是人间好时节。”从容不慌张的女人，应安于自己的选择，不去觊觎别人的成就，不去想那些遥不可及的事，珍惜自己的所有；不刻意地追求完美，平心静气做好自己的事情，不能万事顺心，但求万事尽心；改变不了环境就改变自己，改变不了事实就改变心态；不能够控制别人，就把握好自己，这样的女人，才会像玫瑰一样，不畏岁月的洗礼，优雅从容地老去。

静静地绽放自己的芬芳

我很喜欢自己现在的状态，随遇而安、遇事不急不躁，该有主心骨的时候能镇得住场，不该有的时候能心安理得躲一旁不多话；会爱人，会关心人，会牵挂人，但不缠人；有思想，有理想，有理性，很幽默，敢自嘲；会为爱的人甘于放下身段，有学习的热情和动力，每天都在进步，但不再期待别人的夸奖。

——六六

仙人掌浑身都是刺，模样也不漂亮，鲜少被人所喜欢。在人们轻视的目光下，仙人掌有些承受不住了，它觉得自己根本就没有资格与人类在一起生活，于是就悄悄地离开了人群，悲伤地躲进罕无人迹的热带沙漠。在沙漠里，它与残酷的环境做着斗争，渐渐地适应了那里的气候，并安心地住了下来。当其他杂草纷纷逃离沙漠的时候，它依然不肯离去。

和仙人掌一样，浑身长满刺的还有玫瑰，可它并不厌恶这一身刺，反倒觉得这是自己的独特之处，是一种凛然而不可侵犯的美丽。最初，人们对玫瑰的态度也是冷冷淡淡，并没有加以追捧，总觉得牡丹才是花中之王，大气富贵。玫瑰不介意，也没有怨恨自己的刺，而是努力寻找隐藏在自己身上的特殊之美。

后来，有人惊讶地发现，玫瑰的X线片上其实是没有刺的。或许，是因为它知道外表对自己而言并不是全部，所以当别人说它的香气太浓郁、抱怨它长满刺而不敢靠近的时候，它没有暗自神伤和绝望，而是变得更加坚强，静静地绽放自己的光芒。

女人要成为更好的自我，就不能像仙人掌那样一味地逃避，不肯接受眼下平庸的自己；要像玫瑰那样，身上长满刺却依然傲立于花丛，要学会利用自己的特点，找寻自己的独特美丽，这才是女人应有的生命姿态。

刚进入公司时，她坐在最不起眼的角落里，几乎没什么人在意她。确实，论姿色和能力，她都不是最出众的，只是每天按时上下班，本本分分地做好自己的事，不多言不多语。若有同事遇到麻烦，她也会默默地帮忙，但从不张扬。

影视公司的女同事占据了大多数，凑在一起少不了窃窃私语，聊聊最流行的服饰，说说哪个品牌的化妆品最好用，八卦一下谁又嫁了有钱的男人。闲来无事时，她也会“旁听”一下，却很少插嘴。

女人的世界里，有比较就会有心理失衡，有些年轻女孩会抱怨自己买不起高档护肤品，有些已婚女人则抱怨自己老公赚得太少，而她，似乎从来没有为这些事烦恼过。打开衣橱，几套简单却很有品质的基本款衣服，穿了几年却依然不过时；护肤品不是什么大品牌，但都是最适合自己皮肤的，每天晚上，她都敷面膜，东西不贵，贵在坚持。所以，与那些在脸上花费上万元的女同事相比，她的皮肤也不差。

或许，是因为她为人处世一直很平和，也很少出风头，在女同事眼里，她是很好相处的那一类型，大家也极少拿她开玩笑，或者在背后议论她什么。

公司因业务拓展，需要从内部提升一位女同事做助理，到新加坡总部学习一个月。对于这个难得的机会，公司上下的女人们可谓都在蠢蠢欲动，尤其是那些爱出风头的漂亮女子，恨不得用尽浑身解数在竞选中胜出。那段日子，办公室里表面上风平浪静，实则暗潮汹涌，人与人之间都多了一点隔阂和防备。

她，依旧是老样子，不慌不忙。若不是公司要求办公室里的全体职员都参加竞选，她宁愿放弃这个机会。倒也不是不求上进，而是看到别人私下里为了拉票百般地讨好他人，实在是觉得痛苦。当有人找到她，求她支持时，她莞尔一笑，不答应也不拒绝。这种淡淡的态度，加之平日里低调的言行，没有谁拿她当竞争对手，这也在无形中让她避开了许多麻烦。

待到竞选那天，许多同事盛装出席，展示个人魅力和能力。她还是往日里的那一套衣服，不卑不亢地把自己对于助理职务的看法阐述了一遍，并对外出学习考察的计划以及目的、效用做了一份报告。她没有刻意哗众取宠的装扮和展示，却在艳丽的人群中发出了一抹淡淡的幽香，她的沉稳和淡定，让领导层刮目相看。

最后的结果，令许多人意外：她获得了助理的职位。当领导宣布这一消息时，她也有些受宠若惊，似乎有点“无心插柳柳成荫”的意思。随之而来的，自然是闲言碎语，有人质疑她的能力，有人质疑她的品行，说她肯定是在背后用了什么手段才脱颖而出……总之，各种难听的话，如雨后春笋一般涌了出来。

她不去理会那些闲话，就像过去一样，安心地做着自己该做的事。这种不慌不躁的姿态，着实让那些对她颇有微词的人感到意外。从新加坡总部归来后，她学到了不少东西，领导对她也更为赏识。她呢？还是过去那般亲和，没有一点架子，平和地与同事相处，穿着打扮依旧简单大方，除了工作上比以前忙碌一些，似乎一切都没有变。

半年后，所有关于她的流言蜚语都消失了。她用自己的工作能力、平和沉稳的姿态，赢得了所有同事的信服。与此同时，她也在不攀不比中，安静地绽放了自己的光华。

冬日里的腊梅，在温暖春日百花盛放的时候，从不去争艳；在炎炎夏日莲花散发幽香的时候，从不去斗芬芳；在瑟瑟秋日黄色雏菊笑靥如花的时候，从不去懊恼；在冬雪皑皑百花沉睡的时候，它才傲然自若地开放。凌寒独自开，不争不抢，用平和的姿态傲立雪中，可那顽强的生命力、骄傲的姿态，是它独特的美。

女人也该有腊梅的气质，坚信着自己的美好，安心地过自己的生活。你若不是牡丹，就不必追求娇艳；你若不是蔷薇，就不必象征爱的誓言。你若只是小草，就展现顽强的生命；你若是一棵树，就散发出独立的气息。不与人相争，在安静中，不慌不忙地坚强，绽放芬芳。

余生很长，慢一点又何妨

有些人是以长跑的姿态进入跑道的，有些人则以短跑的姿态进入跑道，暂时落后了你不能急躁，必须明白自己是跑长跑的，耐力和定力最重要。人生是一场马拉松，赢到最后才叫赢。

——演员张静初

纷乱的都市中，四处弥漫着急躁的气息，多少女子都活在无尽的欲望中，为名忙，为利忙，纵使身心疲惫，终不肯停下脚步。眼睛里只剩下川流不息的人群，耳朵里只充斥着喧嚣的闹声，脑子里想的只有逼仄的高楼，为了身外之物飞快奔走，表情变得僵硬，微笑被烦躁与疲惫遮掩。没有清风过耳，没有溪流潺潺，没有鸟语花香，有的只是灵魂的挣扎和游荡。

人生那么长，何苦要走得那么急？难道就因为在时间的长河里，每个人的一生都是微不足道的一瞬，所以才以只争朝夕的态度来过人生吗？就算人生是一场赛跑，也绝不是从起点到终点的简单直达，而是要历经坎坷、弯路、跌倒，需要强大的耐力和定力才能完成的长跑。

纵然不为了输赢，单纯只谈生活的品质，走得太急也不是一个好的选择。

多少美丽的风景，多少动人的故事，都在点点滴滴的过程中，急奔着终点而去，路途会显得更远，身心也更容易疲倦。当女人感到最舒适的时候，通常都是灵魂与身体和谐统一的时候。那时候的自己，才有心情去领悟点滴中的美好，去回望曾经的故事，去细数细微的感动，去品味平淡的生活。

世间万物都有其平衡之道，人生不能一味地求速成。完美的生活，不是一夜间呈现出的华丽宫殿，而是一砖一瓦慢慢建造起的温馨堡垒；完美的生活，不是急匆匆地只想着获取，而是进取心与平常心兼而有之。披头士的灵魂人物约翰·列侬说：“人，如果没有时间来慢生活，那么他会有充分的时间来生病。”话说得有点刻薄，却颇有道理，那些总在苛求自己的女人，其中的大部分都已经变得不快乐了、抑郁了……没有时间等待，没有时间感受，唯恐稍纵时间就会失去金钱和机会，脚步越来越快时，内心却已在颓然彷徨。

还记得那则有关“等一等灵魂”的故事吗？

一位考古学家为了寻找古印加帝国的文明痕迹，不远千里去了南美的丛林。为了避免遭遇不必要的麻烦，影响自己的进程，他雇佣了一些土著人作为挑夫和导向。他们穿过一座座丛林，连续赶了三天的路。

考古学家很惊讶，那些土著人实在太有力气了，他们背着沉重的行李和器材，却还能够健步如飞。虽然考古学家跟不上他们的步伐，可看到他们做事效率如此之高，他心里也很开心，毕竟他所想的是早点抵达目的地。一路上，他很累，但一直没有停歇。

第四天早上，考古学家发现了一件奇怪的事。那些土著人没有继续赶路，他们放下了行李和器材，像是在等待什么。考古学家很着急，可不管他怎么说，土著人就是不肯赶路。通过进一步的沟通，考古学家才明白，原来这里一直以来都流传着一个习俗——在赶路的时候，要竭尽全力地拼命往前走，只是每走上三天，就要停下来歇息一天。

这样奇特的习俗引起了考古学家的兴趣，他决定做进一步的考察。于是，他带着满心的疑惑和好奇，问向导习俗的来历。向导庄重地告诉他："我们之所以停下来，是为了等待我们的灵魂，让灵魂可以赶上我们疲惫的身体。"

女作家严歌苓曾说过这样一番话："要从自己的躯壳里飞出来一会儿，使自己感到这一会儿的生命比原有的要精彩。在这时，你愿意宽谅，与世无争，为了去满足那'瘾'，你不和世人一般见识。你相信他们身不由己，而你有那样一个秘密的办法，能给自己一刹那的绝对自由。"

她与丈夫一起经营着鲜花店。她热情的笑脸，就像一朵朵太阳花，感染了许多顾客。花店的生意越做越红火，渐渐地成了当地颇有规模的鲜花批发公司。事业上的成功，物质上的富足，并没有改变她的生活方式。

她不热衷于投资房产，也不去炒股，更没有终日忙得像个陀螺。对生意，她勤勤恳恳；对生活，她从从容容。每年，她都会给自己和家人安排一次旅行。这些年来，国内的旅游胜地都已经去得差不多了，她的下一个目标是东南亚。

曾有人问她，有没有想过把生意做得再大一些？她摇摇头，说现在的生活就挺好，扩大生意要付出太多的时间和精力，会失去现在的惬意，太不值得了。

慢慢地过生活，让一切缓缓地进行，不是挺好吗？何必非要让身心都飞奔在路上？比起物质财富，心灵上的惬意和享受，不是更值得拥有吗？人生，很多时候都需要放慢脚步，追逐爱情时放慢脚步，才可能遇见最心仪的那个人；结婚之前放慢脚步，才能让爱情更经得起考验；追逐梦想时放慢脚步，才能稳稳地收获回报。太急躁了，失去的不只是时间，还有原本安稳平静的生活。

时光匆匆，人生苦短，女人不妨放慢生活的脚步，放松紧张的身体，放下焦虑的心情，以一种淡定从容的方式来过生活，把每一段时光都雕刻成生命中最美好的部分。

趁着阳光还好，趁着微风不躁，趁着你还年轻，他还未老，多听听孩子的欢笑声、老人的唠叨声，享受柴米油盐的真实与安逸。在闲暇的日子，多爱惜自己，给自己泡一杯清茶，安静地听听班得瑞的钢琴曲，或是静静地翻阅一下身边的书，不去想什么成功成就，不去想什么工作计划，不去想手里剩下的工作，让那些美妙的音符、安静的文字，慢慢流入你的思想里，清除脑海里所有的杂质，还有那些令人烦恼的纷扰、人世间的尔虞我诈。

慢下来的生活，会让你更高效、更优雅，更接近幸福。

最美的风景全在路上

也许在路上的那个时候，你遇到了更真的自己，也许在那个时候，你错过了一个机会可以对自己说：“不如这样吧，我的人生，其实还不错；不如这样吧，就此放开不如意，想想还有哪条天边路我尚未走过”。

——郭子鹰《最好的时光在路上》

在阿尔卑斯山的山谷中，一条风景极好的大路旁边矗立着一个醒目的石碑，上面写道：“慢慢走，请欣赏！”是的，在奔向目的地的过程中，我们时常步履匆匆，忘了一路的风景，走到路的尽头才发觉，沿途错过了太多值得欣赏的美丽，实乃人生的遗憾。

十一黄金周，林莉决定去厦门。对于那座满眼浪漫的城市，她向往已久，总觉得可以到那里，体验一把慢下来的感觉。清晨的阳光洒进窗子，伴随着一阵阵海的气息；黄昏过后在鼓浪屿，安静地听海的声音。

独自远行，去自己喜欢的地方，她心里有一股莫名的喜悦和感动。订好机票、酒店，就匆匆地出发了。由于天气缘故，航班延误，林莉焦急万分。上了飞机，疲惫的她暂时松了一口气，闭上眼睡了一会儿。醒来时，行程已过半。她还是有些迫不及待，希望飞机赶紧落地，奔向她最爱的鼓浪屿。

抵达酒店之后，她放下行李，急着出门。黄金周之际，处处都是人，想要体会一份清净，感受一把小资情调，显然是不可能了。匆匆地到了鼓浪屿，满眼望去，依然是拥挤的人群。那一刻，她觉得憧憬了许久的目的地，也不过如此。拍了照片，简单地逗留了一会儿，她就转身离开了。

回去的路上，她的脚步很慢，毕竟最想去的地方已经领略过了，此刻的心情反而轻松了许多，缓慢的步调配上平静的心情，让她欣赏起了路边的街景。恍然间，她有些许的感慨：从临行的前一晚就开始失眠，总想着快一点到达目的地。这一路走来，整颗心也都悬着，显得过于焦急，这难道就是旅行的意义吗？

不，绝非如此。目的地固然美，可若一心只想着它，忽略了沿途的风景，等真的到了目的地，往往是一声叹息。旅行，当是充分享受在路上的过程，而不是非要去一个怎样的地方。细想起来，生活也是这样，有目标是好事，有追求值得敬畏，只是别太看重结果，一路上的经历，一路上的悲喜，才是最可贵的东西。

曾看过一则寓言：有个年轻人向一位德高望重的禅师请教："世间万物都是无常的，有形的东西终究会消失，那么世界上有永恒不变的真理吗？禅师听后，念了一首偈语：山花开似锦，涧水湛如蓝。"

年轻人似乎并未彻悟，疑惑地等着禅师的解释。禅师笑道："山上开的花，美得和锦缎一样，但最终还是会凋谢，可它们没有因为这样的结局而拒绝绽放；溪流深处的水，倒映出天的颜色，可溪面始终静止不变。生命的意义在于过程，而不是结果。纵然要面对不完美的结果，也要为了享受美丽的过程而努力。”

泰戈尔说过：“天空不留鸟的痕迹，但我已经努力飞过。”过程，蕴含着痛苦、精彩和快乐，诠释着生命的真谛。享受过程的人，才是生活的智者；用心体会过程里的美好，才能享受到真正的乐趣。就算最终的付出没能抵达梦想中的港湾，但享受到了过程中的苦与乐，此生就是值得的，没有遗憾。

她开过饰品店，经营过美甲店，可惜效益都不太好。经济损失自然不用说，更难过的是心理上的打击和周围人的不理解。那些同龄的姑娘都在忙着恋爱嫁人，只有她忙忙碌碌地没什么结果，过着漂浮不定的日子。当时，不管是朋友还是家人，都劝她老老实实地去上班，别再“折腾”了。

别人说什么，她阻止不了，她只知道生活的路上，跌跌撞撞是再正常不过的事。后来，她通过朋友的介绍，认识了一位服装厂商，专做日系服装。有了好的货源，她自然不会轻易错过。她向父母借了点钱，把精品女装店开了起来。由于店址选得好，衣服又很有特色，生意很快就火了起来。

现在，她已经有了两家店铺，年收入三十多万。相较多数同龄的朋友而言，她也算得上小有成就了。没有谁再抨击她的选择，反倒是夸她能干的声音多了起来。不过，她并未表现出多么得意，依然和过去一样，脸上带着淡淡的笑。

她说："我只是想做出一点属于自己的事业，至于能不能成功，能做成什么样子，我没有想太多。有时候，想得太多了，太看重利益结果，就会束缚手脚。倒不如，敞开心去做，成功并不是非要得到什么，而是享受追求成功的过程。"

当蝴蝶破茧而出时，我们都会惊艳它的美丽。只是，为了这份翩然起舞的美丽，经历了怎样的挣扎痛苦，唯有蝴蝶知道。蝴蝶的寿命短暂，可那段心酸的历程，却是对生命之美最有力的诠释。懂得"但行好事，莫问前程"的女人，虽不刻意寻求怎样的结果，却终不会被生活辜负。有句话说得漂亮："若是美好，叫作精彩；若是糟糕，叫作经历。"

人生像是一场观光旅行，重要的不是目的地，而是带着一颗愉悦的心，欣赏沿途的风景。儿时天真烂漫，年少时懵懂羞涩，青年时绚烂如花，中年时沉稳睿智，年老时宁静淡泊，女人在不同的生命阶段，都有着别样的美，都需要认真体味、好好珍藏。与生命的历程一样，生活也会经历起伏跌宕，不要畏惧，不要怨怼，那是上天赐予你我最好的礼物。

忙碌不是生命的本义

我愿意深深地扎入生活，吮尽生活的骨髓，过得扎实、简单，把一切不属于生活的内容剔除得干净利落，把生活逼到绝处，用最基本的形式，简单，简单，再简单。

——梭罗《瓦尔登湖》

一个初入职场的年轻女孩，为了尽快熟悉本职工作，经常在上班之余进修各种技能。靠着这股子勤奋和韧劲儿，几年下来，她很快就从小职员升职为总裁助理。薪水涨了不少，深得总裁信任，可她并没觉得生活多么好。

每天早上六点半，伴随着闹铃声，匆匆地起床洗漱，带好东西走出家门。其实，从家里到公司也就不到一小时的路程，但她每天都提前半个多小时出门，总是担心堵车，担心会有什么意外。几年来，除了生过一场大病休息了半个月，其他时间她都在上班前二十分钟打卡。

现在，她升职了，更觉得自己得做个榜样。走进办公室，看看提前列的计划表，打电话，发邮件，处理总裁不方便接听的电话，列出项目选择重要的拿出意见给老总。中午休息时，她很少出去，经常叫外卖，认为这样能节省时间。每天离开公司时，基本上就剩下她自己了。打车回家后，简单地吃点晚饭，就开始想明天的计划表。睡前定好闹铃，给手提电脑和手机充电，她想着万一早上有事，还可以在出租车上办公。

她很少给父母打电话，也很少跟朋友出去聚聚。周末除了到超市采购，其他时间都在忙着做计划。散步、旅游，跟她似乎没有半毛钱关系。有时，她觉得累得实在不行了，就自己跑到 KTV 里唱歌发泄，回来继续做忙碌的陀螺。工作压力和过度的劳累，让她的生物钟被打乱，身体免疫力也开始下降。唯一欣慰的是，在别人眼里，她很优秀，她是总裁最得心应手的助理，也是朋友圈里为人艳羡的“金领”。

她内心很痛苦、很煎熬，却不知道该怎么办。

显然，她已经把忙碌当成了生活的基调，把工作业绩当作自我价值的体现。她努力维护自己给人留下的“优秀”印象，别人的艳羡是她在痛苦中继续支撑的自我安慰。从性格上说，她凡事争强好胜，不肯服输，事事都想在别人前面，无形中就给自己设定了高标准，就像上了忙碌的发条，难以停下来。

在浮华而充满紧迫感的世界里,忙碌绝不是某一位女性特有的状态。事业与家庭的双重压力，衣食住行的种种开销，寻求自我价值的实现，一系列的因素潮涌而来，让女人的心难以淡定地安享生活。更有甚者，已经习惯了忙碌的基调，一旦抽离了这样的状态，反而会感到惴惴不安，生出一种虚掷光阴的错觉。

职业女性张歆，成天被工作和琐事缠身，不管是工作日还是休息日，都在“连轴转”。朋友问她累不累，她说很累却也很享受，这样的日子才“充实”。在她心里，唯有忙碌起来，忙成一只旋转的陀螺，才能证明自己很重要和被需要。

对于工作，她严格按照计划表行事。只不过，通常她在列计划的时候，别人都在休息，这就意味着她比别人多耗费了很大的精力。去年买的一套书，整整齐齐地放在书架上，到现在还没有阅读，很多次都想静下心来看看，可刚翻了几页，心里就开始躁动了，想起还有这样那样的事没做，于是就耽搁了。

周末和节假日是她的大扫除日，虽然她也经常跟朋友唠叨“周末还有一堆事，多么多么辛苦”，但如果有人让她周末别干活出去玩玩，她绝对不会同意，她从未想过改变这样的模式，总觉得周末不把家里打扫干净，心里很难受，认为是浪费时间了。

周围的人看着张歆，都觉得她活得太累了。可张歆呢？享受着忙碌给自己带来的自豪感和被需要的感觉，觉得自己是个有用的人。尽管忙得喘不过气，可跟人提起来这件事，她反倒觉得这是体现自己的重要性和社会地位的一种方式。如果每天不把日程安排得满满的，她就感觉若有所失，不管是工作、家人，她都力求面面俱到，甚至经常失眠头疼，精力体力都日渐不佳，可还是停不下来。她每天沉溺在各种事情里忙碌，把休息和休闲视为虚掷光阴。

张歆把每件事都看得很重要，喜欢循规蹈矩的生活，讨厌被人打断计划。不管是工作上的事，还是生活中的琐事，到了她这里都是必须全力以赴的事，还不能耽搁。其实，腾出周末的一天来听听音乐、逛逛街，又能有什么大碍呢？

一位心理专家说过："忙碌不停，不是生命的本义，也不是生命本来的样子，活着不是为了忙碌不停，唯有你的生命之中有一定的闲暇时光，你才是真正在生活。否则，你只是一个不停劳作的机器。"

生活少不了要忙碌，可这不该是生活的主题，也不该是生命本来的样子。完美的生活和成功的自我形象，也绝不是依靠忙碌建立起来的。要学会每天只选择重要的事来做，把休息也列入计划之中，慢慢地养成生活习惯，调整生活的疲惫和压力。

外面的世界越是不安，内心越是要淡定。不管要面对的事情有多少，女人都得先照顾好自己的心。不要为了迎合别人的满意，为了别人眼中的"完美主义者"和"完美生活"苛求自己，那些不必要的加班，你完全可以PASS掉，回到家舒舒服服地看看书、听听音乐。放开周末的时间，多陪陪家人，多联系几个朋友，出去喝喝茶，做做运动。

其实，生活有很多细微的乐趣，它们虽然不起眼，换不来看似光鲜亮丽的荣耀，但它们是最真实的，是最舒适的，也是生活最该保持的常态。何谓完美的生活？那就是该忙的时候我忙了，重要的事情我做了，该乐的时候我也乐了。

Chapter7

镇守自心，活成喜欢的样子

倾尽一生，活出你自己

生活每天都充斥着各种各样的选择，最可怕的是不知不觉中已然放弃了对自己、对生活的警醒和觉察，任由别人灌输的信念和过去的惯性来支配自己的生活。人生最悲凉的笑话，莫过于用尽毕生努力成功地成为别人。人只有一辈子，为自己而活才是最大的奢侈。

——金正勋《不谄媚的人生》

森林里有一种行走方式很特别的毛毛虫，它们之间的每一分子，都要以自己的头紧连着前面那条毛毛虫的尾部，一边走，一边吃它们最喜欢的橡树叶。

为了测试这种毛毛虫的盲目性到底有多强，生物学家做了一个实验：他将一串毛毛虫放在花盆旁，让它们首尾相连。只见，毛毛虫开始围着花盆绕圈，一只接着一只，走相同的路。它们的食物近在咫尺，可这一群绕成圆圈的毛毛虫，却因为只会盲目地跟着其他毛毛虫的脚步而行动，竟然就真的一圈一圈地绕下去，直到饿死。

看到毛毛虫的行为，多少人不禁嘲笑它太愚蠢。可是转念一想：生活中有多少人，也在重复着这样的路径呢？一辈子都在盲目地跟着别人的脚印走，听从别人的意见和安排，不清楚自己想要什么，直到生命终了的时刻，才发现自己从不曾真正地活过。

微博上有一篇名为《十年后的我是什么样子》的文章，内容与上述道理如出一辙。

“8 岁，我画了一幅画：我要乘火箭去月球。

“18 岁，爸爸让我去学金融；19 岁，学长说进学生会是很好的机会；20 岁，我发现很多人都要出国，所以我要考 GT；21 岁，同学推荐我去银行实习，好像迈出了向未来的下一步；22 岁，导师说本校保研是最保险的；23 岁，我在操场跑了 30 圈，也没法知道自己真正想做什么；24 岁，拼命想证明自己的潜力，每天实习到晚上 12 点回寝室。

“25 岁，每天慌不择路地面试，回校路上却只看到地铁内的牢笼，我是谁？ 26 岁，每天上班，下班看电影、睡觉、看杂志。我想做一个不一样的人，可是生活拖住了我，或者我拖住了自己。27 岁，我买了成套的苹果产品，我有这里最高档酒吧的会员卡，一眼就知道自己 5 年后会做什么，但是不想成为那样的人。28 岁，我被生活推着走，去读 MBA。29 岁，同学们说，要把握最后的学生生活，于是去了很多地方旅游，但那有什么用？去了什么地方并不能改变我是谁。

“30 岁，回到了北京的另一个外企，仍然每天加班到 11 点，下班睡觉。31 岁，又过了一年，我一个人在长安街走到凌晨 3 点，这是不是我的人生？ 32岁，又过了一年，我过着和27 岁时所想象的一样的生活。

“有天晚上，我梦到自己 8 岁时画的那幅画，我哭了。”

看过之后，不少人纷纷感慨，这真的就是自己的人生写照：原本，有一份美好的理想在心间，却在生活的车轮中随波逐流，听着所谓“过来人”的劝告，以为那便是成功和幸福的捷径，稀里糊涂地选择了自己不喜欢却似乎非做不可的事，越走越辛苦，越走越迷茫。当有一天，生活彻底变了样，与最初的梦想南辕北辙，才清醒地发现，岁月已经过了一大半。

“从小到大，我的生活都是被安排好的。要上什么样的学校，学什么样的专业，都是父母包办。毕业后，父亲又为我托人安排了工作。到现在，我已经工作10年了，可我从上班那天起，就没有真正‘投诚’过，基本上都是在混日子、熬时间。我喜欢摄影，但父母不支持，这些年我一直压抑着自己过生活。

“到现在，我真觉得自己什么都荒废了，很难过。有时，觉得自己像一个双面人，在人前装得挺开心、挺知足，可在独自面对灵魂时，又是另一番模样。我想改变，但是太难了。如今，孩子都已经6岁了，我说想改行学摄影，所有人都说，算了吧，还是安安心心地在单位里做你的小科长吧！进退两难，这就是我的现状……”

女网友梅子雨写出了自己的心声。令她痛苦的，是无法选择自己真心喜欢的职业，想改行却又没有勇气。当然，她的故事只是此般现状中的凤毛麟角，还有许多女人，也在为了不同的事情感慨。

脆弱的鱼儿说，她最痛苦的事，是没有坚持自己的内心去择偶。当年，自己交了一个男朋友，家里人纷纷不看好，说他工作不稳定，说他家离得远，婚姻是很现实的问题，一旦结婚了，就要面对各种各样的状况……最后，她妥协了，与男友分开，接受了家里人的介绍，与现在的丈夫结了婚。

丈夫的家境不错，工作也稳定，可从一开始到现在，他们之间就没有太多的共同语言和兴趣爱好。脆弱的鱼儿是个喜好文艺的女子，生活的方方面面也讲究情调，丈夫却偏偏不解风情，两个人经常为了一些生活上的细节琐事闹分歧，鱼儿说："我和他根本就是两个世界的人，如果时光能倒流，我真的会重新考虑，可现在……"她没再继续说下去，只是一声叹息。

人生匆匆数十年，女人的青春更是短暂得如惊鸿一瞥。在有限的生命里，如何让自己活得更美好、更舒适、更无悔，这或许比获得名利财富更有意义。趁还来得及，做你想做的事，爱你想爱的人，成为你想成为的自己吧！记住：一辈子，不过三万天。不求多么轰轰烈烈，但一定要坦坦然然、开开心心，这才是生命的真义。

真正的强大是接纳

你对人类最大的贡献，就是让自己幸福起来；你对自己最大的贡献，就是让自己内心强大起来。强大不是因为你战胜了自己，而是接纳了自己。

——《不与自己对抗，你就会更强大》

女网友梧桐在微博上如是写道："总有人对我说，不要生气，不要自私，不要小心眼，不要太贪心，不要……有时，我觉得自己特别坏，坏得让自己都难以接受。因为，我经常会小心眼，无缘无故地发脾气，一不留神说错话，遇到喜欢的事物露出贪心。我觉得，想要做个完美的人，必须改掉这些'缺点'，我也试着努力过，想尽办法克制自己的情绪和感受，但我觉得很不舒服。"此博文一发，立刻引来各种评论，许多人表示，这番话戳中了自己的心声。

受到是非黑白、善恶美丑观念的熏陶，我们往往都只记得"好人""完美的人""幸福的人"该具备的特质，也更乐于接纳和展示自身"好"的特质，比如热情、善良、诚实、勇敢、坚强。与此同时，也在极力掩饰和压抑那些"坏"的特质，如胆怯、贪婪、愤怒、自私、丑陋、轻浮、脆弱，不让别人发现。一旦偶然接触到自己的这些“坏”特质时，第一反应肯定是逃避，尽快地跟它们撇清关系。与此同时，生活又常常会给女人制造出一种假象：似乎，只有努力变得更“好”，才可能获得幸福。

白领 YY 说，当她看到那句话“形象价值百万，有了好形象才能为人所重视，收获更多的机会”时，便开始挑剔自己的形象，把许多不是因为形象而导致的问题也一并算到形象的身上，没有找到合适的工作，就认为是自己形象不好，不惜花费重金打扮自己，甚至还想过到医院去整形，以此换求职场前途。

全职妈妈小米说，总有人告诉她“脾气没了，福气就来了”，虽然她是个急性子，但现在几乎不对人发脾气，也不做任何自私的举动，甚至祈祷也是为了别人。这让她看起来变得美好、温婉了，可无奈的是，她的身体状况却不太好，内心压抑着好多事。

事实上，小米很清楚，她的不骄不躁、淡定如水，根本不是真正的内心平和；她的不生气，是装扮出来的大度，而非真的想通了。她的私心、欲望和愤怒，受到的压抑太严重了，在潜意识里隐藏得太深了，以至于自己跟别人都没有意识到它们的存在。

两个不同的女人，道出了生活中的一种常态：随着年龄的增长，女人会发现，需要掩饰的东西似乎越来越多。可是，压抑和掩饰，不等于不存在。一旦自己的注意力稍微松懈的时候，那些“不好”的特质便会从潜意识里浮现出来。这就如同，为了掩饰心中的阴影，给自己戴上一层完美的面具，不让真实的想法流露出来，以此欺骗别人，也欺骗自己。

慢慢地，也就习惯了这层面具，忘记了面具下面还有一个真实的自己。即便自己在生活中屡屡碰壁，可仍然压抑内心的暗示。

有些女人会选择闭上眼睛，堵住耳朵，拒绝接纳那个真实的自己，拒绝聆听真实的心声。殊不知，当自己刻意压抑那些不完美的时候，也压抑了与它们对立的那些优点。你的眼睛只看到了那些不好的东西，就感觉不到自己的美了，因为花费太多的精力和心思来掩饰自己的缺陷。纵然在某些事上展现出了好的特质，也不会为之感到荣耀。

刘茜不喜欢和朋友聚会，理由很实际，她经济上有些拮据，不愿意花费额外的钱，有些时候躲不过去了，也就只好硬着头皮参加。待到埋单时，她还会抢着埋单，事实上她并不是心甘情愿，她所想的只是“如果我这样做，对方便不会认为我贪便宜和吝啬了”。

坦白说，很多女人都会掉进这个“如果”的陷阱里：“如果那样，我是不是就可以如何如何，解决什么样的问题……”可惜，不管什么样的幻想，终究都会在现实中破灭，到头来你会发现，其实你只是你，自私、暴躁、狭隘、小气依然存在，从哪方面看都不完美，只是它们并非你存在的常态，而是在某些特定的时刻才会显现出来。

当然，你根本用不着为此苦恼，因为只要是人，就必然会有阴影。你以为自己可以把阴暗面掩饰得天衣无缝，但那些被你刻意压抑的特质，总能找到机会显露出来，让周围的人看见。与其否定和掩饰自己内心的那些阴暗面，倒不如勇敢地承认和接纳，拥抱心灵的阴影，找回完整的自我，记住，是完整的自我，并非完美的自我。

这就意味着，你可以允许自己在适当的时候表现出私心和欲望，你可以允许自己存在人性的弱点，不必要苦苦地掩饰不完美的瑕疵缺陷，违背本真地过生活。如此，你便能够结束生活中的痛苦，不必再欺骗自己，欺骗整个世界。

承认和接纳完整的自我，意味着要平等地对待自己的每一项特质，既不刻意彰显，也不刻意压抑。完整应当是美与丑、善与恶、积极与消极的调和，唯有接纳心灵的阴影，才能得到它的馈赠，你觉得自己太软弱，那就努力找到软弱的对立面，让自己变得坚强；你被自卑困扰着，那就要在内心里寻找自信；你总被他人轻视，那就找到发生这种情况的根源。就像荣格告诉我们的那样，金子总是隐藏在暗处。唯有从容接纳黑暗的女人，才有资格享受光明。

你是独一无二的存在

当别人都误解你，负面看你时，你首先要自省自己是否真像他们所想的一样，若不是，愿他们长大。放下被误解的不甘心，不是因为你值得被曲解，而是你比他们多走了几步，不理解你是正常的，没什么委屈不委屈。回头看别人令你退步。向前看，走稳自己的步伐，原是开路者的大气度。

——素黑

卡耐基在写给女人的箴言中，这样说道：“发现你自己，你就是你。记住，地球上没有和你一样的人……在这个世界上，你是一种独特的存在。你只能以自己的方式歌唱，只能以自己的方式绘画。你是你的经验、你的环境、你的遗传造就的你。不论好坏与否，你只能耕耘自己的小园地；不论好坏与否，你只能在生命的乐章中奏出自己的发音符。”

世上找不到完美无瑕的女人，但美好的女人存在于生活中的各个角落。她们的美好，无关外表，无关出身，只关乎内心：漂亮也好，平庸也罢，始终都能用欣赏的目光看待自己，不会厌恶、不会贬低，即便自身有某些缺点和瑕疵，也可以平和坦然地接受它、善待它，将其视为生命中的一部分。

在偌大而寂静的讲堂里，所有人的目光都聚集在一个女人的身上。

她站在讲台上，有时仰着头，脖子伸得很长，和尖尖的下巴形成一条直线；有时她会张着嘴巴，眼睛眯成一条缝，注视着台下的听众。偶尔，发出咿咿呀呀的声音，没有人知道她在讲什么，她基本上是个不会说话的人。不过，她的听力特别好，但凡有人猜中了她的意思，她就会高兴得拍着手，叫一声，然后举起一张明信片，告诉对方他答对了，可以获得这个奖品。

这不是什么表演，而是一场别开生面的演讲，是她巡回演讲的第三站。从小患有脑性麻痹的她，不幸被夺去了肢体平衡能力和说话能力。20 多年来，她一直活在行动不便和他人异样的目光里，她的成长是一部心酸的小说。庆幸的是，疾病和痛苦并没有给她的心理造成阴影，乐观的她微笑着面对所有，还拿到了美国某知名大学的博士学位。她用双手做画笔，用色彩传递心声，告诉世人她活出了生命的精彩。

在自由发问的环节中，一位学生提出了一个尖锐的问题："您长成这个样子，心里有没有怨恨过？或者说，您有没有羡慕过其他正常的人？"此问题一出，台下的人便窃窃私语，似乎是在指责提问者太过分，直戳别人的痛处。

对此，她并没有生气，一脸平和。她先是在电脑上打了一行字，投射在屏幕上，表示她听明白了对方的意思："我怎么看我自己？"稍停了片刻，她看着发问的学生，嫣然一笑，又继续低头打字："我很漂亮，我的腿很修长、很美丽，我的父母都很爱我，我会写文章、会画画……"

看到这样的回答，台下寂静一片，所有人都沉默了，不再有交头接耳的声音。对于这个话题，她最后写了一句："我只看我所有的，不看我所没有的。"

或许，在外人看来，她的人生是残缺的，有着太多的遗憾。可在她看来，这些并不能阻碍她享受生活、享受精彩的生命。她从来不去羡慕别人，更不会用他人的标尺来衡量自己，即使面对讥讽和嘲笑，也依然笑靥如花，努力发现自己的美好。单单这一点，许多身心健全的女人都未必能够做到，尤其是那些眼睛只顾盯着别人，内心对自己充满怀疑和否定，小心翼翼地活着，害怕别人挑剔的目光的女人，失去了自由奔放的个性，自卑自怜，自暴自弃。

欣赏自己所有的，不仅仅是在外表上接纳自己，更重要的是欣赏自己的生活。生命的旅程只有一次，生活也只属于自己，每个女人都有令人羡慕的东西，也有不完美的缺憾。正所谓：人生失意无南北，宫殿里也会有悲恸，茅屋同样也会有笑声。不要把生命浪费在与别人的对比上，欣赏你所拥有的一切，放下心灵的负担，仔细品味眼下的生活，就不会轻易动怒和沮丧了。

一位年轻的妈妈带女儿在沙滩上散步，小孩儿开心地捡贝壳，那些贝壳在她眼里都是美丽的。再看妈妈，却是一脸愁容。想到丈夫赚钱不多，自己全职带孩子，想给女儿多买点东西，却还得精打细算，翻翻钱包看还剩下多少。这样的日子，让她觉得很憋屈，不由得羡慕起那些有钱人来。

女儿把捡来的贝壳拿给她看，她却一一给挑了出去，挑剔地说："这个颜色不好，这个形状不好，往前走吧，还有更好的呢！"糟糕的是，女儿一边捡，她一边说："还有更好的。"最后，弄得女儿有些不高兴了，嘟着小嘴说道："妈妈，你为什么说每个贝壳都不好看呢？那都是我捡来的，它们长得都不一样……"

看着女儿天真的笑脸，她顿时有些惭愧：也许孩子捡到的不是最美丽的贝壳，可她心里是快乐的，为什么非要让她对那些贝壳进行比较呢？每个贝壳都有不同的花纹，都可以谱写不同的故事，自己习惯了比较，也潜移默化地把这种思想带给了孩子，实在不应该。

是的，只看自己拥有的，不羡慕，不攀比，不活别人，只活自己，必会少了诸多烦恼。就像那春寒料峭时节开放的冰凌花，虽不及牡丹那般得人宠爱，却仍然义无反顾地迎着寒风倔强地开放，至香至色，只愿与清寒相伴。生活亦是如此，只要自己活得有滋有味，不必太介怀那些外物，更不必去比较，从别人的生活中走出来，一步一个脚印地走自己的路。当有一天，蓦然回首的时候，就会惊喜地发现，自己走过的地方也是一片怡人的风景。

不必向外去找寻答案

如果你不能成为大道，那就当一条小路；如果你不能成为太阳，那就当一颗星星。决定成败的不是你尺寸的大小，而是要做一个最了解的你。

——道格拉斯·玛拉赫

几乎每个女人都曾对简·爱肃然起敬，面临人生的十字路口时，能决绝地坚持自己的方式，不受别人或自己消极想法的影响。时常有人告诉我们，生活是自己的，不能太在意别人的看法，可真正按照自己的意愿生活，抛开旁人的眼光，坚定自己信念的女人有多少？

女人的淡定，源自心灵的独立，有自己的主见，如此，她便坚强得可以承受各方面的不同眼光。如果心总是左摇右摆，随着别人的目光变来变去，就会距离期望和幸福越来越远，到最后，留给自己的，只剩无尽的挣扎和郁闷。

她嫁给了大学同学，对方是个人品不错的小伙子，工作能力也不错，只是家境一般，暂时买不起房子。因为彼此感情很好，面对没有房子的他，她也果断地嫁了。婚后，两个人的生活还不错，她有稳定的收入，他也一直努力奋斗。他们计划着，等攒够了首付就按揭买房。

一年后，她的妹妹也准备结婚。婚前，妹妹强烈要求男方家里买房，她觉得，没有房就等于没有家，若没有房子，说什么也不嫁。说着说着，还把她当成“典型”搬了出来，妹妹说：“我姐没房，现在还租房子住，还要攒首付，以后要养孩子、还贷款。这辈子，多辛苦啊！我不想那么过。”

原本，她从没觉得生活辛苦，可听完妹妹那番话，心里很不舒服。婚前，妹妹也曾跟她提起，至少要男方家里出首付再结婚，可她觉得房子没那么重要。可如今，想想往后的生活，真的就跟妹妹说的那样，她心里的幸福感突然消失了。

后来，妹妹如愿嫁了一个有房的男人，婚后第二年，又换了一辆车。这时，她心里更觉得不幸福了。在家的时候，她总是沉默寡言，脾气也变坏了。只要丈夫有什么不对的地方，甭管事情大小，她都会发一通脾气。她甚至觉得，自己的选择错了，当初不该为了感情结婚。

丈夫知道她心里在想什么，也比以前更努力，希望早点交了首付。可他难过的是，不管他做什么、付出什么，她都很少给他鼓励，似乎觉得是他应该做的。两个原本感情很好的夫妻，竟然渐渐地成了陌生人，就好像同一屋檐下的“寄居男女”。

她的生活有什么本质的变化吗？她觉得幸福时，享受的是两个人在一起奋斗的甜蜜；她觉得不幸时，丈夫和她依然在同一屋檐下，感情也没有变质，唯一不同的是，她丢了自己的幸福标准。别人说“有房才幸福”，她便丢弃了“情比金坚”的初衷，盯着自己没有的东西，总觉得在外人眼里她过得很不堪，就想追求别人认可的幸福。

退一步想想，如果她还坚持着自己对幸福的最初认识，坚守着他们美好的感情，享受一起努力的快乐，那么丈夫不会觉得失落，她不会觉得难过，两人的日子也肯定会蒸蒸日上。可惜，她太关心别人的看法，太容易受别人的影响，纵然他们明天就有了房子，她的幸福感也很容易再因为其他的事情而丢失。都说“家和万事兴”，她的家现在连“和气”都没有了，两个人又靠什么相互鼓舞着让生活变得兴旺？

看别人的故事时，许多女人总能把问题想得很透彻，一旦事情发生在自己身上，往往会变得不知所措，随波逐流。其实，这不过从另一个角度证实了，自己内心的满足来自别人折射回来的色彩基调：当别人羡慕自己时，就觉得自己是幸福的，非常满足；当别人否认自己时，就开始慌张、迷了方向。

事实上，把别人的看法作为终极目标时，就等于陷入了物欲设下的圈套。这就好比一则故事里讲到的“红舞鞋”，外表漂亮妖艳、充满诱惑，一旦穿上，就再也脱不下来了，只能疯狂地转动舞步，内心充满了厌倦和疲惫，脸上却依然要挂着幸福的微笑。当在别人的喝彩中，终于以一个完美的姿势为人生画上句号时，才发觉这一路的风光和掌声，带来的竟然是说不尽的空虚和疲惫。

每个女人都该有自己的生活态度和方式，都该有自己的评价标准。若是为了取悦别人，一味地满足他人的价值观，为难自己、为难最亲密的人，那无疑是痛苦而悲哀的。别人的目光纵有千千万，也比不上对自我心灵的诚实，没有任何人可以成为自己人生舞台的设计师。

淡定的女人，永远要有自己的主见。有主见，是对自己有清醒的认识，知道自己想要什么，适合什么；有主见，是懂得爱自己的表现，保持独立的人格，不失去自我的本真；有主见，是淡定后的成熟，不会被突如其来的事情打乱思绪，而是在理智中找寻解决问题的办法。

从这一刻起，不要再让他人的论断而束缚你前进的步伐，活出真实的你，用能力打造自己，用行动感化他人，用始终不渝的信念点燃幸福的明灯；不必委曲求全而让人怜悯，也不必背负世俗而压抑自己的梦想，更不要随波逐流而失去自我。

坚持你认为对的，选择你真正爱的，生活得更好不是为了别人，乃是为了你自己。当你自信地抬起头，你会绽放天鹅般的美丽，那是高贵之心的倒影；当勇敢地做自己时，你会收获棉花糖般的幸福，那是柔软而不失真实的自己。

安全感驻扎在你心里

有时候我们倾其所有，为的只是获得一种安全感。却不知，人从出生开始就背负着博弈、抵抗、挣扎的使命，而心灵的漂泊与惶恐是永久且无法回避的。所以，真正的安全感取决于我们对这个世界的认知与体验，以及内在修为和自身力量的强大，而不是依靠赢得他人的赠予。

——易小术《没有梦想，何必远方》

安全感，几乎是每个人都在渴望和寻求的东西，特别是女人，更是百寻不厌。当女人陷入犹豫不安时，总希望一些阳刚之气来调节阴性思维，作为缓解和依靠。渐渐地，这种对安全感的享受，就变成了依赖。

青鸟，人如其名，是个典型的小鸟依人型女子。丈夫比她大 10 岁，对她的爱，像恋人又像兄长。青鸟一直很享受被照顾的感觉，她觉得老天对一个女人最大的恩宠，就是让她一辈子都像孩子般活着。后来，丈夫的事业做大了，经常要到各地出差，待在家里陪青鸟的时间越来越少。

这时，青鸟一下子陷入了恐慌。她打电话给朋友，委屈地说：“这么久了，我都习惯他一双强有力的手做支撑。以前，我睡觉的时候，总让他把手放在我的腰上，只有他环抱着我，我才能睡得踏实。就算他出差去外地，我也会给他发短信说，请你把手放在我的腰上好吗？方便的时候，他也会回复我说：好，我的手一直在你那里。如果能够马上听到这样的话，我心里就觉得很安全；如果不能，就会觉得焦虑发慌，睡不安稳。”

青鸟是个极度缺乏安全感的女子，所以才需要一双手做支撑。可是，谁能保证这双手永远都在呢？没有心灵支点的女人，在生活中永远只能以弱者的姿态出现。可人生是无常的，没有永远的靠山，唯有把支点放在自己身上，才能让心灵变得充实，这份强大的力量，可以演绎出属于自己的精彩，在生活里深深扎根，让灵魂找到归属和安宁。

很喜欢江美琪的那首《我心似海洋》，她用轻柔的声音低诉：“我的心是一片海洋，可以温柔，却有力量……”女人心，当如海洋，温柔得可以包容所有，却永远不失自我的力量。

简宁是个典型的东方女孩，从小受亚洲文化的熏陶，她一直觉得女生就是柔弱的，需要得到更多的照顾和疼爱。20 多岁的时候，周围的朋友纷纷恋爱了，她也向往爱情，并希望能遇到一个人品好、家庭好、事业好、身体好、样貌好的男生。她觉得，这是女人得到幸福的指标。可惜，还没有找到如意郎君，她就到德国留学了。

为什么要去德国？简宁说，这跟父亲有很大的关系。报考学校前，父亲就跟她说：“一个有理想的女人，应该去德国发展，那里才有真正的男女平等。德国的女人们很强势，但那里的男人也不是弱势群体，并不需要女人强出头。德国女人的强势，是自由发展起来的，也是德国男人真心承认并尊重的。默克尔，就是个很好的例子。德国的男人，允许一个女人坐上总理的位子，允许她在政界呼风唤雨。”

简宁到了德国，她敬佩并渴望，甚至有点嫉妒德国女人的强大。她们心里，似乎从来没有性别差异的概念。在中国，篮球比赛中，男生几乎不会跟女生一起玩，哪怕他们玩得再不好，也会觉得篮球不是属于女生的娱乐，在他们心里，女生就是当啦啦队喊加油的。在德国，她经常在体育馆跟男生打球，只要你会站位，努力体现自己的价值，他们不会因为你是女生而不传给你。

留学的日子，让简宁彻底改变了过去的思想。她明白，真正的平等，不是在于男人一定要帮你先开门，而在于男人平等地对待女人，大家在一起从未感到过性别的差异。女人渴望平等，也是有代价的，不能指望既像古代女人一样不愁养家糊口，又像现代女性一样平等独立。想平等，就不要依附男人，要经济独立，还不要向社会舆论低头。

回国后，她在亲戚朋友眼里已经算是大龄女青年了，大家纷纷给她介绍男友，说年纪大了就找不到好对象了，而介绍的各类人选均以“有房、有车、收入稳定”等作为花絮。对此，简宁说：“我不在乎那些。我不会因为钱嫁给我不爱的人，也不会因为钱离开我爱的人，我希望做任何事都随自己的心性。要房子，我自己买；要钱，我自己赚；要爱人，我自己找。”

不知道简宁的感情空白何时能被填满，但毋庸置疑的是，这个心似海洋、充满力量的女子，知道什么是爱，更知道什么是真正的幸福。

作为女人，可以爱，却不要依赖。你可以撒娇，也可以哭泣，但内心要有属于自己的支点，能够承受得住生活的巨大压力，能够忍受艰难挫败在生命中来了又回，能够在身边的人需要搀扶的时候成为他们的依靠，而不只是依偎着别人，当一株弱不禁风的小草。

作为女人，不要为了家庭和孩子放弃自己的事业，要有自己的圈子。逃离了狭小的家庭空间，你会不断发现自己的美丽，发现自己的能量，而丈夫和孩子也会发现你对整个家庭是多么重要，让他们感受到生活缺少了女主人会变得一团糟。其实，这无不是经营家庭、体现个人价值的一种方式。

身为女人，不管是做公务员，还是做家政服务员，都能在事业上独当一面。这是让自身和心灵强大的有力支撑，正所谓，经济基础决定上层建筑。工作不只是为了赚钱，更重要的是让你有自己的一片天，它能给你自信，让你独立，开阔眼界。

当你努力成为这样的女人，那么不管你走到哪儿，和什么样的人在一起，都有足够的力量给自己幸福，给身边的人快乐。

不断地澄清自我

女人自我的提升很重要，不然青春逝后就是逛不完的菜市场和买不完的地摊货。女人最幸福的一生，应当是人生层次不断上升的一生，纵使年华会逝去，但思想、品位、学识可以不断丰富，为生命增添厚重的底蕴。

——佚名

恋爱时，女人习惯把所有的心思都置身在那个爱慕的人身上，一颦一笑跟随着他的节奏，忘了自己是谁；结婚后，家庭和事业让女人应接不暇，纵是偶然想起该为自己做点什么，却也觉得力不从心。面对无休止重复的日子，女人开始变得厌烦、麻木，一颗心也越发地狭小、浮躁，再没了水一般的柔情、海一般的胸怀，和闲看庭前花开花落的心境。

于丹说过："我们的眼看外面太多，看内心太少。"

对女人来说，真正的关爱自己，不是买一件新衣服、做一次美容，而是多关注自己的内心世界。无论什么年龄、什么阶段，坚持不断地澄清自我、完善自我、提升自我。如此，人生才会完满，心灵才够富足，性情才可美好。

一个风情万种、懂得生活的女子，向年轻的女孩们讲述了自己的故事。

“刚恋爱的时候，男友事事都迁就我。那时，我真以为他对我各个方面都很满意。可是，交往的时间长了，我身上一些从来没有刻意隐藏的缺点渐渐显露出来。

“对于事业，我没什么野心，除了学点本职工作上需要用的知识，其他时间就想着如何享受生活。总觉得，生活过得去就行了，没必要那么辛苦。他却认为，我没有上进心，对未来缺少规划。

“有一次，他因为出差事情比较多，两天没有主动打电话给我，我很生气。面对我的指责，他理直气壮地说：“你不能自己找点事做吗？既可以打发我不在你身边时的无聊寂寞，也能学点东西，这不是挺好的吗？你不觉得，我们现在的沟通完全被限制在一些生活琐事和工作烦恼上了吗？”

“他休息的时候喜欢外出旅行，而我喜欢宅在家里；他喜欢不停地挑战自己，而我却满足于现状；他想让生活越来越好，而我却觉得知足者常乐。他说，不喜欢这样的我，不知道从什么时候开始，他对我的感觉和从前不一样了。这一点，让我感到很惊慌。

“那次，我们聊了许多。从开始的争执，到最后的平静，我突然发现，自己的生活看似忙碌，实际上空虚无比。我几乎没有什么真正的业余爱好，身边的同事学跳舞、学游泳、学开车，都是为了让自己变得更好，更适应社会。可我从来没想过，下班后不是约会，就是逛街，要么就是上网。回忆起来，才意识到自己的生活竟然如此单调乏味。

“我想改变。当然，并不是为了迎合他、取悦他，而是为了自己。我开始寻找自己感兴趣的事。我报了瑜伽班、英语班，关注职称考试。节假日的时候，与他一同爬山，或是到郊外骑车。突然间，生活被排得满满的。曾经，我以为这样的生活会让自己很辛苦，可真正开始了，才发现乐趣无穷。一下子，我的世界仿佛变大了，日子也变得有滋有味了，我的性格也发生了很大的转变。

“终于，我明白了，女人的魅力不在于外表，而在于内涵。知识、见识永远是女人武装自己的最佳武器。唯有懂得提升自己的女人，才能让生活变得更快乐；也唯有跟身边的人一同提升、学习，才能让自己、让爱情保持新鲜的状态。”

高晓松在书里写道：“生活不只是眼前的苟且，还有诗与远方。”女人的生活，不只是柴米油盐，不只有丈夫孩子和无穷无尽的家务，还应该有丰富的心灵世界和充满韵味的内涵。不要因为现状不合理，就以为那是应然状态；不要因为自身的惰性和强大的惯性，就让自己始终停留在安逸的小家里。

Alan 是一位金领，别看工作方面风光无限，可实际上她的内心很敏感，也有点自卑。面对巨大的工作压力，她惯用的发泄方式就是向他人诉苦。起初，别人还能耐心开导她，但无论怎么开解，也消除不了她的“心结”。

偶然的机会，Alan 在网上看到了一个公益旅行的俱乐部，她抱着尝试的心态，给自己报了名。可就是这次活动，让她改变了自己的心态。在付出爱心和汗水的过程中，她反思自己这三十几年来走过的路，和未来要走什么样的路。她重新审视自己，在点滴中发现生活的美好，试着用宽容的心看待自己、看待别人。几次活动之后，她整个人都不一样了，再不像从前那样，隔三差五就郁郁寡欢，也不会经常向他人寻求安慰。她对生活变得热情起来，对自己也自信了。

Alan 说：“从前，我总担心自己这也不好、那也不好，怎么都不如别人。可后来我发现，我一直在比外在，而我的内心是空白的，我失去了自己，这样的我如何能活得快乐呢？当我发现自己不去在意那些表象，而把更多的心思和时间放在提升自我上，整个人都不一样了。我体会到了爱的珍贵，也更加珍惜自己和身边的人，懂得去包容别人、理解别人，而非一直在他人身上索取安慰，以求内心的平和。我终于明白，平和是自己给予的，向外祈求不来。当我以全新的姿态开始生活时，我觉得自己充满力量，和周围人的关系也变得越来越融洽。我很喜欢这样的自己，更喜欢自己能够给身边的人带来愉悦的感受。”

女人澄清自我、提升自我，就像破茧成蝶的过程，总要经历一番思想的挣扎，还有心灵的沉淀。当生命中那些不美好、灰暗的东西被洗刷掉之后，就能焕然重生。真正美丽、有品位、有气质的女人，应当有真我的性情、淡泊的情趣、深邃的内涵，能够超然物外、镇守自心，在生活的激流中不断地完善自己、澄清自我。

Chapter8

岁月无常，
敢爱也敢放手

人生到头来就是不断放下

我们常质问别人为何不了解我，为何不接受我。一切，都是因为太重视我我我，变成自恋、自我中心，眼里只有自己，容不下别人。自我中心让我们变得紧张、情绪化，失去享受和分享生命的机会。要改变的，原是我们的心胸。生命的目的，不为成就自己，而是学习放下。

——素黑《好好修养爱》

患得患失的挣扎，几乎是每个女人都曾有过的感受。渴望拥有的东西，日思夜想，耗尽心力去争取，生怕错过，蹉跎了岁月；握在手里的东西，紧紧地抓着，哪怕对自己来说已经不再有什么特别的意义，也不愿意放手，只因畏惧失去后的那份落寞。

如此过活，亦步亦趋，放不下的种种，渐渐成了心灵的负担，紧紧包裹着灵魂，动弹不得，如同给自己织了一张厚厚的网，困顿于其中，找不到出口。

她说："我遭遇的人生第一场变故，是高考落榜。那时，整个人都崩溃了。我的成绩一向很稳定，不管是父母还是老师，都对我寄予厚望，觉得我能轻松考上一所重点大学。可成绩出来后，我自己都傻了，只够上一个二类院校。整整一个暑假，我都没出家门，我害怕别人问起我的成绩……正好赶上炎夏，天气也热，我两个多月的时间，掉了整整25斤，每天萎靡不振的，谁也劝不了。

“后来，我的班主任亲自找到我，开解我。她是个刚毕业的年轻女孩，她跟我说，每个人都会遇到一些意想不到的变故。她大学毕业的前一年，母亲去世了，而她也放弃了考研的打算。当时的心情，比我还要沉重，至少高考还可以重新来过，可离开的母亲，却永远回不来了……

“我听得心酸，就起身去给她倒了一杯水。她端着手里的杯子，问我这杯水有多重，我当时被惊住了，说不知道，大概50克吧！她说：‘是啊，不过50克左右的样子，轻而易举就端起来了。可是，你能拿多久呢？拿一分钟，我想每个人都没问题；拿一小时，可能会觉得手有点酸；拿一天，恐怕谁都受不了。’

“当时我并没有领会她说的这番话，也就默不作声，没有接茬。没想到，她像朋友一样，敞开了心扉，跟我讲了她的许多经历，安慰我说：‘你已经折磨自己两个月了，再这么下去，你的精神压力就会变成那杯端在手里的水，越来越沉，把你压垮。况且，今年的成绩不满意，还可以重新来过，我相信你，也愿意帮你。只要，你肯放下心里的包袱。’”

之后，她轻装上阵，报了一家优秀的补习班，卷土重来。在复读的日子，她依然和过去的班主任保持联系，两个人之间的情谊，此时已经不太像师生，而更像是相知的朋友。她说：“我很感谢这位良师益友，在我18岁那年，教会了我最重要的一课。”

人生像一只皮箱，需要的时候提起，不需要的时候就要放下。该放下时若不放下，就像拖着重重的行李，不得自在。放下，简简单单的两个字，蕴含着无限的深意，置身于万花筒般的世界，要真正做到放下，谈何容易？

相传，佛陀在世之际，一位黑指婆罗门来到佛的面前，手拿两只花瓶前来献礼。

佛陀对黑指婆罗门说："放下！"黑指婆罗门听后，把左手的花瓶放到地上。

接着，佛陀又说："放下！"这次，黑指婆罗门又将右手的花瓶放下。

不料，佛陀还是重复那一句："放下！"

黑指婆罗门不免困惑了，说道："我已经两手空空，没什么可放下了。您要我放下什么？"

佛陀说："我没有让你放下手里的花瓶，我要你放下的，是你的六根、六尘和六识。你把这些统统都放下的时候，就会从生死的桎梏中解脱出来。"

不只是失去的东西需要放下，人生中的酸甜苦辣、成败得失、恩怨是非，都需要适时地放下。紧抓着不放，就如同套上无形的枷锁，让人心力交瘁。女人最强大的时候，并非是咬着牙坚持的时候，而是微笑着放下的时候。

商场如战场，好端端的公司，说解散就解散了。那段日子，陈小姐精神状态很差，四处求医。这家公司是她一手经营起来的，之前每天忙忙碌碌，大事小事都由她操办着，日子过得也挺充实。

公司歇业后，债务暂且不说，最让她难过的是，似乎找不到自己的价值了。好强的心还在，却没有用武之地，想着昨天还在公司里跟下属们商议决策、安排工作，一眨眼的工夫，一切都变了，沮丧和落寞不可言喻。

丈夫劝慰她说："要试着接受现在的生活，也要试着放平心态。不要总想着，辛苦打拼的一切都付之东流了。其实，这就是人生的一段经历，走到这个阶段，无论好与坏，都该放下。心里始终装着它，也于事无补，改变不了现状，还可能把现在的生活搞得一团糟。"

之后，丈夫开始陪着她四处散心，结识新朋友。虽然现在的她还并未从失败的阴影里彻底走出来，可至少她每天能睡个安稳觉了，已经放下了许多解不开的纠结。偶尔，她会笑着说："当我选择腾空双手，还有谁能够从我手中夺走什么？人在哀叹生活和命运的时候，总是忽略了最重要的两个字——放下。"

其实，功名利禄都是过眼云烟，能陪伴我们到终点的人和事，寥寥无几；而我们真正需要的东西，也是屈指可数。人生是一段接着一段的路，走过了一段风景，无论好坏，都要收拾好心情继续下一段行程。既是过客，就要携一颗从容淡泊的心，走过山重水复的流年，笑看风尘起落的人间。心若想得开，一切云淡风轻；心若放得下，一切安然无恙。

缘来好好珍惜，缘去淡然相送

遇见，然后结束。消失，然后永不再返。于是，喜乐圆满。于是，我们的一生，才像一场旅行。

——甘世佳

生命是驶向远方的列车，途经许多地方，遇见许多人。你永远不知道，有谁会在下一个车站离开，有谁会突然之间出现在你面前。缘来缘去，只留下一个时间的符号，再没有其他的印记。正如佛家所云：“缘来缘去，缘生缘灭，万物之间的纠葛，世人永远无法一一参透。”

来到世上，本身就是一场缘分。在滚滚红尘中，一个人的好，要记得一辈子；一个人的话，纵然忘不掉，也不必想着报复。缘分来了，就好好地珍惜；缘分走了，就淡然地随它去。无谓的强求，只会让自己受苦。

记得一本书上写过一则故事：一位出身名门的女孩，家境优越，漂亮多才，只是到了适婚的年龄，怎么也不肯去恋爱。她说，不结婚，是为了等待真爱，等待让她心动的男孩。

终于有一天，她在逛庙会时遇到了一个年轻男子，在熙熙攘攘、人头攒动的人潮中，她一眼就看见了他，怦然心动。她觉得，自己苦苦等待的那个人，就是他。她想把自己的心事都说与他，可是人太多了，她费劲地穿过人群时，他却已经不知去向。

女孩失落不已，之后的两年里一直四处寻找那个男子，可他就像从人间蒸发了一样，再也没有出现过，甚至连丝毫的痕迹都没有留下。她甚至怀疑，那天究竟是自己的幻觉，还是他真的出现过？相思之苦折磨着女孩，她郁郁寡欢，向佛祖祈祷，希望与意中人再见。

她的痴情感动了佛祖，佛祖劝慰她："姑娘，缘分可遇不可求。来的时候你想珍惜，可偏偏没有把握住，只能说明这段缘分不属于你。既然如此，缘分散时，你就该保持一颗平常心，别再苦苦坚持了。不然，生活会变成地狱。"

女孩苦苦哀求佛祖，说她只想再看他一眼。佛祖见她心诚，便答应了，但提醒说："如果你想看他一眼，就要放弃现在拥有的一切，包括你的家人。你愿意吗？"女孩执迷不悟。

佛祖把女孩变成了一块石头，躺在石桥边。终有一天，男孩从桥上走过，女孩心里很痛，因为他的身边还有另一个女孩相随。

有人说，世间的每一场相遇都是久别重逢。遇见了，在未来的每个日子里能与之相依相伴，固然是莫大的欣慰，可是天意弄人的事，也总少不了发生。无论是亲人、朋友还是恋人，缘分来了成为一家人，成为朋友或伴侣，都值得好好珍惜；可若没能相伴到最后，中途因为意外而两两分离，也不要怨恨和执迷。义无反顾地坚持，执迷不悟地贪恋，未必能换来好的结局。缘分本就虚无缥缈，生活本就喜乐参半，若不想被缘分捉弄，就要时刻提醒自己淡定随缘。唯有如此，才不会被羁绊。

“太委屈，连分手也是让我最后得到消息；不哭泣，因为我对情对爱全都不曾亏欠你……”KTV包房里，她深情地唱着陶晶莹的《太委屈》。沙发上静坐的闺密，看着她略微发红的眼圈，不禁涌起一阵心疼：她心里，该有多少的委屈啊！

几天前，她刚刚签了离婚协议。和丈夫跑了七年的马拉松恋爱后，两人携手步入婚姻。可是，仅仅八个月之后，他们之间还是上演了“七年之痒”的悲剧。他借助出差的名义，到外地去看望另一个女人。她不知怎的，心里涌起了一股不好的直觉，便跟了过去。结果，在异地他乡，她知道了真相，而他也毫不隐晦。她带着一身的伤，独自回了家。

原来，他早就已经厌倦了这段感情，只不过觉得，她跟他在一起这么多年，不想辜负她的青春。她是个至情至性的人，如何能够容忍这样的婚姻？当然，此刻也不是她单方可以挽回的了，看得出来，他对她、对这个家，已经再无一丝一毫的眷恋。所以，她不想跟他吵闹，争论谁对谁错，已经没有任何意义，就连离婚协议，也决定让他来拟。

他是个家境优越的男人，也确实是自私的。房子、车子都是他婚前的财产，虽是自己欺骗了她，可他依然什么都没有留给她。她没有去争，淡然接受，安静地带着自己的衣物离开，回到自己的家。

闺密为她感到不值，也替她寒心。待她唱完那首歌，闺密问她：“是不是心里很委屈？”她摇摇头，说：“不想提。倒不是因为难过，只因为一切都过去了。刚开始在一起时，爱得轰轰烈烈，是大学里的一段传奇，够绚烂了。后来的他，虽然已经厌倦了，也认识了别人，可还是跟我结了婚，说明他当时还是想挽回的，只是感情不由人，他克服不了自己真实的感受。可见，我们之间的缘分已经尽了，再强求就没有意思了。我想，就这样平和地分开，是最好不过的了。好聚好散，都不至于太难堪。”

她淡淡地说出这样一番话，实在令闺密震惊。闺密只知道她平日里性格温和，却不曾知道，她还有这样的气度和豁达。可后来想想也是，再怎么也挽不回的人和事，放手是最好的选择。

人生要经历的事太多，遇到、错过、得到、失去，无时无刻不在交替进行，无缘相依相伴相守的事，时常令人惋惜。缘，就像是天上的流星，遇见了是幸运，错过了也是常态。

一起走过风雨路的朋友，相依相偎的伴侣，或是街头偶遇的陌路，遇见就是缘，不管这段路能够一起走多远、走多久，都值得真诚相待。若有一天，不得不分道扬镳，各安天涯，就淡定地说一声再见，把美好及珍贵的记忆珍藏尘封，一切随缘吧。

放手也是一种选择

世间最珍贵的，莫过于眼前的幸福，对于那些不属于自己的，我们只需要放开手，便能得到快乐。固守固然值得钦佩，但放手何尝不是一种洒脱？安然放弃那些不属于自己的东西，也就不会被牵绊住。心无挂碍地生活，才是生命中该有的最好追求。

——加措活佛《一切都是最好的安排》

琪和男友分手的事，闹得沸沸扬扬。倒不是她刻意渲染悲伤的气氛，而是男友不依不饶，在空间日志、微博、微信上扮演着一副受害者的姿态，述说着自己对她的种种好，而她却不懂得满足，背着他与另外一个人谈起了恋爱。

一时间，她成了朋友圈里被议论的焦点人物。有人表示理解，有人表示不满，有人露出鄙夷，他人的目光和言论，她心知肚明，却没有做出任何解释。因为，懂的人自然会懂，不懂的人，即便掰开揉碎地说，也未必能了解。更何况，感情的事，本就是两个当事人的事，个中滋味只有自己清楚，外人是难以感同身受的。不管外人说她好与不好，她都认了。

回顾这段长达 5 年的感情，琪心里也有诸多不舍和眷恋。

19 岁那年认识了他，从大学校园一直牵手走到现在，步入社会，参加工作，过程实属不易。也许是真的越来越接地气，从浪漫的爱情过渡到现实的生活，她才发现，两个人的人生观和价值观，竟存在很大的分歧，这也是为什么，他们总在不停地争吵。

琪向来是个有主见、有目标的人，知道自己想要什么样的生活，也知道该为此付出怎样的努力。可男友呢？偏偏是一个得过且过的人，今朝有酒今朝醉，对未来没有丝毫的打算。当两个人在一起找不到共同为之努力的东西时，往往脚步就会有落差。显然，在这一点上，琪走在了前面，男友落在了后面。她也曾试图等他、拉他，却奈何不过他那潇洒走一回的人生观。渐渐地，两个人的距离也就疏远了。

琪本不想放手的，毕竟人生最好的青春都给了这段感情，到头来弄得无疾而终，她想想就觉得不是滋味。就在自己脆弱无助的时候，涛出现了。最初，两个人只是聊得来的朋友，涛也是贴心的人，总能猜出几分琪的心思。不用多言就有人理解自己的处境，对琪来说，也深觉是一种幸运。

对琪了解得越深刻，涛越发觉得，她是个极其可贵的女孩。她不世俗，对感情一心一意，并非贪图享受之人，只想跟心爱的人一起奋斗，改变生活和现状，可惜身边的人不懂得珍惜她这份好。渐渐地，涛心里对琪有了好感，琪也感受到了，但她一口否决了，说自己有男友，即便感情遇到了麻烦，但毕竟不是单身，所以不能接受。

男友得知涛的存在后，心生醋意，与琪大吵大闹。琪原本还想解释，男友却摆出了一副要琪做出抉择的姿态，字里行间都透露着一个信息：你是选择我，还是选择他？琪说，谈不上选择，自己的心很乱，只想安静一下。

现实由不得琪。男友不知什么时候，从她的手机里找到了涛的电话，在电话里与对方“宣战”，指责对方乘虚而入，不是君子。涛也不甘示弱，两个男人针锋相对，甚至想要见面较量。这件事闹得琪心神不安，本来没那么复杂的事，弄成了这个样子，万一真的出点什么事，她心理上更承受不了。

男友让琪迅速作出选择，涛百般讨好献殷勤，俨然成了一对三角恋。如此复杂的关系，让琪很是心烦，可她明白，终究得有一个人退出。那段日子，她过得很不开心，男友的不理解，涛的紧紧相逼，让她感觉快要窒息。无所适从的时候，她想到了逃离。

她对男友说：“我们分手吧，我也不想作出什么选择，你多保重。”

她对涛说：“谢谢你对我的帮助和关心，但我现在真的不适合开始新的感情。我想安静一段时间，不希望有人打扰。希望你理解。”

之后，琪收拾好行李，辞了职，换掉了手机号码，离开了那座城市。踏上列车的那一刻，她顿时感到一阵轻松：原来，在不知如何抉择、深感沉重的时候，放手也是一种选择。她去了闺密所在的小镇，在那暂住了下来，说是疗伤也好，说是调整也罢，但她相信，有过这样一段沉淀的岁月之后，她才会看清楚未来的路，作出正确而无悔的抉择。

放手，不是无奈之举，而是一种观念的松绑。有时，死死地握着一些东西，并非真的理智，只是心里有一股执念罢了。其实，真的放开了，会发现没什么大不了，反倒会换来一种解脱和轻松。

不要以为，放下一份苦心经营却无望的感情，从此就不会再爱了；放弃了一个深深感动自己的人，之后就不会再遇见如此专情之士了。也许，就在你放手之后，才知道新的生活会在绝望之处开出花来，那个对的人，也早已在路上等你。

不要以为，放下一份做得焦头烂额再无任何热情的工作，生活就会拮据得难以继续，可当你真的厌烦到走进办公室就感觉窒息时，你会发现，放下也是一种重生。停下来，休息休息，再上路时，又是焕然一新的风采。

人生，没有什么东西不能放下，亦没有什么东西放下之后会断送所有。只有放得下，才能拿得起。尽量简化你的生活，你会发现那些被挡住的风景，才是最适宜的人生。

没有愁怨，即是美好

仇恨和爱，你选什么？聪明人当然选爱啦！与其想着去报仇，又或是日夜怀疑有人害你，不如向宇宙祈求更多爱，相信宇宙好爱你，然后在日常生活中接触更多爱，让自己被爱包围。放下恨意恐惧和负面思想，把所有悲愤交给上天，别再被无聊的人和事打扰。你好好地活，就是王道。

——深雪zita

在热带的海洋里，生活着一种奇特的紫斑鱼，它浑身长满了针尖似的毒刺。它的特别之处，就在于这些毒刺：当它对其他鱼类展开攻击的时候，就像是带着仇恨一般，异常愤怒。此时，它身上的刺也会变得无比坚硬，且毒性大增。可想而知，那些受攻击的鱼类，要遭受多大的伤害。

从生理功能上看，紫斑鱼的寿命应该在七岁或八岁。可现实中的紫斑鱼，往往活不过两年就死去了。短寿的罪魁祸首，依然是它的毒刺。它越是愤怒，越是满怀仇恨，毒刺攻击得越狠，对自己的伤害也就越深。这种愤恨的怒火，让它的五脏六腑跟着一起灼烧，在烧毁别人的同时，也毁了自己。

转念想想：世间万物，被自己所伤、被自己所困、被自己所毁的，又岂止是紫斑鱼呢？很多时候，人也一样会作茧自缚。

自打依娜记事起，母亲在她心里就只是一个概念性的词语，她从来不知道母亲长什么样，也没有享受过母爱。多年来，父亲在外打工，她一直跟随奶奶和姑姑一起生活。待姑姑出嫁后，家里就只剩下奶奶和她一老一小相依为命。

年龄大一些之后，依娜懂事了，得知在她两岁的时候，母亲提出和父亲离婚，就再没有回来过。看着周围的孩子都有父母，依娜羡慕不已，一有空她就向奶奶打听有关母亲的事。奶奶支支吾吾，似乎也不愿意多说，只说她母亲去外地了。

等依娜成年了，姑姑告诉了她实情。原来，母亲离婚后，并没有去外地，还在这个城市里，只是改嫁了，有了新的家庭。依娜对母亲没什么印象，心里却有极大的不满，只是这种情绪一直被压抑着，没有人知道。

待她要出嫁时，母亲突然出现了，还给她送了一份厚重的嫁妆。看着眼前那个陌生的女人，她不敢相信，那就是她曾在脑海里勾勒过无数次却又怨恨了多年的母亲。那天晚上，她把眼睛哭成了桃子，对陪伴在身边的姑姑说："为什么要这样？她既然走了，干吗还要回来？偏偏在这个时候回来？究竟是对我好，还是故意让我难受？她不是有新家了吗？还回来做什么……"一连串的问题，断断续续地从她的口里迸出。

姑姑抱着她，安慰道："别哭了，孩子。明天你就要做新娘了，眼睛可不能红肿着。不管她做了什么，她始终都是你妈妈，给了你生命。你应该原谅她，感谢她。当年，她身体不好，家里的条件又不富裕，她不愿意拖累你爸爸，主动提出了离婚。后来，她遇到了现在的爱人，那男人待她不错，给她出钱看病……你要相信，天底下没有不爱孩子的母亲，她只是有自己的苦衷，不便说出来。”

“可是……她考虑过我的感受吗？”依娜脸上挂着泪，质问着。

“依娜，你的心结就像一粒种子，你不把它挪走，它就会生根发芽，迟早有一天会占满你的心，夺走你所有的快乐。你就要有自己的家庭了，也许不久之后，还会有自己的孩子，你要学会理解和接受别人，哪怕那个人曾经伤害了你，你也试着放下怨恨，原谅她。因为，是她让你体会到了人生的苦，让你成长成熟。”

依娜没有再说话，那一整晚，她都没有合眼。姑姑的话似乎让她明白了一些什么，压抑的心情也在倾诉和哭泣之后，得到了些许的释放。第二天早上，在化妆师的精心打扮下，她做了最美的新娘。

敞篷的婚车行走在路上时，她猛然发现，路边的花已经盛放了，像是带着微笑。这条路，她走过许多遍，却从来没有这样细细欣赏过，因为从前的心一直纠结在怨怼中，把所有的美好都忽略了。闻着花香，披着白纱，跟最爱的人一起，携手共进，她觉得幸福极了。对母亲，那颗原本压抑着嗔怨的石头，也终于落了地。原来，原谅别人，解脱的是自己。

记得女作家张小娴说过：“被恨的人，是没有痛苦的。去恨的人，却是伤痕累累。”

不肯放下心中的仇恨，是对自己的不负责任，这份恨意会让生活陷入黑暗，会让心灵陷入迷途。女人这一生要经历很多事，要牵挂很多人，要扮演多种角色，太不容易。生活本已够累，若在精神上还不懂得善待自己，释放心灵，实则是苦了自己。

要学会感恩生命中的所有，哪怕是你看不惯的人，或是给你带来伤害的人，谢谢他们的存在，让你的世界变得丰富多彩，让你体会到了生活的不同滋味。抛却怨恨，凝神体会生活中的那些美好，如此你的灵魂自会轻叹一声“谢谢”，你的内心自会充满喜悦与感恩。

要排除怨恨的情绪，就得学会慢慢地接受现实，从心底理解和原谅他人。如此，怨恨才会随着时间的推移逐渐淡去。当女人放下了怨恨，就不会再受负面情绪的困扰；放下了仇恨，就能变得平和、安详；放下了仇恨，就能积极向上、充满阳光地对待生活；放下了仇恨，就能从内心深处散发出一种优雅和坚强。

错过的未必真有那么好

冥冥中已命中注定，当一切都随风而逝，我们还能说什么做什么，在现实面前，梦想总那么脆弱无力。错过的都已错过，失去的都已失去，生命中还有许多未知的苦难和甜美，值得我们坚持等待和珍惜，毕竟明天又是新的一天。

——玛格丽特·米切尔《飘》

“我对你永难忘，我对你情意真，直到海枯石烂，难忘的初恋情人……”多年前，邓丽君的这首《难忘的初恋情人》红遍了大街小巷，让无数人在脑海里勾勒出昔年初恋情人的模样，引发他们对逝去爱情的深深怀念。

有一位气质型美女，文笔出众，才华横溢。生活中，她也是个“讲究”的女人，不管什么时候到她的住所，永远都是干净整洁的，她还能做一桌拿手的好饭菜。为此，周围不少男孩都青睐于她，纷纷展开追求。可惜，年过三十的她似乎从未对那些追求者动过心，任他们如何献殷勤，如何展现温柔体贴，她都不为所动，而后委婉地拒绝。

事实上，不是她不想恋爱，而是她过不了心理上的那一关。读大学的时候，她曾经交往过一个男朋友，那是她的初恋。对方是一位非常优秀的男孩，本身学的是英语专业，能说一口流利的英文，同时也是学校里的文艺分子，还担任着学生会的干事。俩人的感情很好，只可惜天妒英才，在临近毕业的那一年，男孩在回老家的途中遭遇了车祸，永远地离开了这个世界，离开了她。这件事给她的打击太大了，她根本接受不了。得知这个消息后，她整个人都崩溃了，过了大概半年左右，才稍微振作一些。

如今，那件事已经过去整整十年了。尽管这些年她的周围也出现过很多不错的男孩，可在她心里，谁也无法跟那个离开人世的男友相提并论，她总在想："如果他还活着，一定有大好的前程；他的性格那么好，我们很合得来，我不敢保证还有人能比他更适合我；如果他还活着，我们现在已经……"

或许，溜掉的鱼儿总是最美的，错过的电影总是最好看的，得不到的恋人总是最难忘的。很多人在为她的痴情所感动的同时，也不禁在想：她的故事虽是个案，但像她一样始终忘不掉错过的旧爱的人，却不计其数。

究竟那个得不到的人，有没有那么好？值不值得用一生的幸福去怀念?

西方心理学家契可尼通过试验，给出这样的答案：一般对已完成的、已有结果的事情极易忘怀，而对中断了的、未完成的、未达目标的事情却总是记忆犹新。这种现象就叫作"契可尼效应"。

很多人的初恋都没能开花结果，成为上面所说的“未能完成的”“中断了的”的事情，结果深深地印在了人们的脑海，终生难以忘却。因为没有真实地体会到那种得到的感受，就把没有得到的东西完美化，无限地扩大它们的美好。事实上，它们的很多“好”，都是我们人为想象出来的，因为没有得到，想象的空间是无限的，可以预计无数种可能，所以它们才必然是美好的。

除了爱情，生活中还有很多类似符合契可尼效应的现象。比如，买衣服时你原本看好了的那一件被别人抢先买走了，而那又是限量版，你心里可能会很失落，纵然店家另外给你推荐更好的、更漂亮的、更优惠的，你都没心思看；两样东西让你只能选择一个，不管选了哪个，回去之后你都会不自觉地想起另外一个，总觉得有那么点“遗憾”，因为你没得到它。

越是得不到，越是想得到，这是人普遍都存在的心理。似乎，所有的美好都在“山那边”，身在近处，想念远处；身在此岸，向往彼岸。然而，那些我们千方百计想要得到的，甚至费尽心力终于得到的，真有那么好吗？

有这样一个故事：动物园里，饲养员喂猴子时，不把食物放在它们够得着的地方，而是放进树洞里。猴子们想尽办法去“够”树洞里的食物，最后学会了用树枝把食物从树洞里弄出来。饲养员说，那些其实并不是什么好东西。

我们又何尝不是如此？常常忽视身边的东西，唯有那些和自己有点距离，需要踮起脚尖才能够到的，甚至望尘莫及的，才让我们心动不已。殊不知，得到的也未必就那么好，摆在自己眼前的也未必有那么不堪。

可惜的是，如果只顾看着远方遥不可及的海市蜃楼，就会白白错过近在咫尺的良辰美景。况且，一味地去“够”那些跟自己有一定距离的东西，会让我们付出代价，这种代价可能是时间、精力、健康、财富、自尊、爱情，等等。纵然这一秒得到了，下一秒可能还会有自己贪恋的，于是舍弃了手里，再去追逐新的，什么时候才能停下来呢?

老一辈的人常说：别人碗里的饭总是香的。话语粗糙，可道理不假。如果此刻的你还在纠结和郁闷中，那你真的有必要暂时从望尘莫及、追悔不已、怀念过去中走出来了，看看你周围爱你的那些家人朋友，数数自己生活中已经拥有的东西，想想自己此刻还能做点什么力所能及的事，也许你的心会变得宽阔一些。

对于那些不可能得到的东西，别总光想着变为可能。生命是有限的，为了想象中的完美事物浪费精力、放弃当下，实在太可惜。认命而不宿命，其实也是一种智慧。